社會役制度

The Civilian Substitute Service
: A Service of Hope for Taiwan

陳新民◎著

台灣社會役的啟蒙者

　　歐洲諸國實施多年的社會役，公元二〇〇〇年七月在台灣正式實施。

　　回顧這段催生社會役的過程，其實不過短短三、四年，但台灣當時學術界、政府部門對歐洲實施的社會役研究十分不足，在相關論述與實務經驗嚴重欠缺下，主張台灣實施社會役遭到極大阻力，甚至嗤之以鼻。所幸陳新民教授率先引進歐洲實施社會役的觀念理論與實務經驗，在其《軍事憲法論》一書中有關社會役的介紹，對致力推動社會役的人士與團體得自該著作甚多啟發，使得近年要求社會役的呼聲，如火燎原地在台灣社會獲得廣泛回響。

　　社會役的實施並不是單純的役政改革，在陳教授研究中提出一項令人深思的問題，就是為什麼大部分福利國家都是歐洲國家，同時也是實施社會役的國家？眾所周知，實施社會役必須建立在徵兵制的基礎上，照理說，進入九〇年代後歐洲邁向單一統合的潮流，裁軍和平主義盛行，與強調全民動員的徵兵制是相互矛盾、格格不入，但為何這些歐洲國家絕不輕言取消徵兵制停辦社會役？其理由是一個重要的發現：停辦社會役將造成社會福利品質大倒退。因此在歐洲，社會福利的確保與社

會役的實施，演變為「一體兩面」的有機結合。

　　要推升台灣邁向福利國家，光靠政府有限的社福預算與社福人員，絕對不可能達成，那麼如何期待台灣是一個充滿人性關懷、和諧互助的福利社會呢？催生社會役，使其成為推升台灣成為社會福利國的動力。台灣成為亞洲第一個社會役國家，其實已具備了必要的條件與背景，現階段所缺乏只是自信與經驗而已。運用台灣實施良好的徵兵制作為基礎，將部分兵員轉化為社會服務工作，讓年輕人發揮興趣潛能、培養熱愛鄉土情懷、服務人群信念，以扭轉時下年輕人過早又過度的功利價值觀，社會役勢將成為重要的社會改造工程。

　　台灣若能在現行完善的徵兵體制基礎上開辦社會役，並堅持公平、公正、公開的甄選程序，實在沒有理由對實施社會役持負面的看法。雖然如此，我們還亟待進一步建立一套社會役的甄選、訓練、分發、實施、獎懲等制度，有賴政府與各界攜手合作，共同催生台灣的希望之役——社會役。

　　欣聞台灣社會役的啟蒙老師——陳新民教授，再度推出《社會役制度》新著，對歐洲各國實施社會役有最新的資料介紹與最深入的考察分析，相信將可帶動台灣各界研究社會役的風氣，對政府建立完整社會役制度亦勢將發揮極大的影響力，陳新民教授對催生與建構台灣社會役的努力，真不愧為台灣社會役最重要啟蒙者。

　　　　　　　　　　　　　　立法委員　簡錫堦

役政體制改革的一大步

　　在各國國防軍事制度相關法規研究者中，中央研究院的陳教授新民兄，應屬最為傑出的學者了。新民兄是學術界的奇葩，生活多采多姿，人生品味一流，著作等身，博而精，雅好藝術收藏，連品酒風雅中，都能著書立說。新民兄絕非象牙塔中經院派學者。相對的，他能將學理融入實務，針對時弊，發為議論，鼓動政策變革，善盡知識份子以天下為己任的職責。

　　政府有關社會役制度的推動，新民兄可謂居功厥偉。他不僅是相關學理與觀念的推動者，更積極參與國防部與內政部的實務規劃。本人多年來在立法院有關籲請政府規劃開辦社會役，終能得到蕭萬長院長的首度正面回應，而相關部會終能展開實際作業，其中新民兄亦發揮了關鍵作用。此次，新民兄能將各個社會役相關制度、政策與作法著為專書發表，一方面可將社會役制度作完整的介紹，以作為政府的施政重要參考，另一方面也可有助於社會各界進一步了解社會役制度，進而有效監督政府。對社會役的施行，也為他在社會役政策的推動貢獻上畫下了完美的句點。

　　當然，新民兄對國防改革的使命感絕不止於此，衷心盼望

他能再接再厲，將學術研究發為議論，與我輩在立法院的努力相互結合，互為呼應，加速我國國防及役政體制的改革。

立法委員　丁守中

為一個實現「大愛」的制度催生

　　我國政府已經決定在明年夏天開始實施兵役替代役的制度，屆時我國的役男不僅僅可以入伍持干戈以衛社稷，同時也有可能選擇社會役來親身投入社會服務的行列之中，這是我國實施兵役制度以來近半個世紀所作的最大變革，也引起了社會高度的重視，對於我本人而言，一個長年的期望，也終告實現。

　　我在民國八十一年就接受行政院青年輔導會的委託，對我國有無推行社會役的可能性，進行廣泛與深入的研究。事緣起於當時青輔會代主委蔣家興博士看到我在報章上發表了呼籲我國應及早籌備建立社會役制度的文章後，他認為拙見頗有深入研究的價值，遂委託我進行研究計畫，當時我正準備前往倫敦大學從事為期一年的訪問研究，於是便利用此一年的光陰全力投入此計畫。當時歐洲共有十二個國家實施此一制度，但卻沒有一個綜合討論各國的比較文獻。為此我花上許多時間，央請各地友人代為收集歐洲所有實施社會役國家的制度與法令，並進行了解，終於在民國八十二年提出了一份十餘萬字的結論報告，在此報告中本人建議政府儘速採行一個仿效德國社會役的制度，俾使我國在維護實質兵役正義外，亦可為社會福利工作

提供充沛的人力。我這份報告在提出後，頗受朝野黨派立委的重視，立法院前後舉行幾次的公聽會，但一來社會上對此議題並不熱衷，二來國防部也以兵源不足為由，反對推行此替代役，故此制度實現的機會並不樂觀。直到去年三月，國防部蔣部長在答詢丁立委守中兄所提的國軍精實案實施後，每年將有超過一萬名以上的過剩役男，國防部反不反對推行社會役以消化此過剩役男的問題時，蔣部長認為只要不影響國軍戰力與兵源供應時，自然樂觀其成。蔣部長這一番談話，立刻引起內政部長黃主文的積極回應，指示役政司鍾台利司長全力籌畫，並宣布於兩年後實施。此政策後經行政院蕭萬長院長批准，遂成為政府既定政策。

我個人之所以甚早即對社會役產生興趣，可以用一個親身經歷的小故事來說明。猶記得一九八○年時，我正在德國慕尼黑大學攻讀博士學位，講授憲法的一位蕭勒教授（Heinrich Scholler），是一位年近五十但卻兩眼幾近全盲的著名學者，蕭勒教授每次來校上課時，都可看到一位德國年輕人扶持著他，上課時這位年輕人便靜靜地坐在教室的角落，下課後又扶著教授回家。起初我們以為這位青年是教授的公子，也對德國的社會能出現如此的「孝子」感到不可思議，後來才知道這位「孝子」是服社會役的青年，每週負責接送住在郊外的蕭勒教授出門、搭地下鐵到校的工作。

當時我受到這個德國社會役制度的「感動」，至今不忘！並開始注意社會役的制度，加上德國同學中不乏服過各種社會

役者，使我在留德期間對於德國的社會役有了初步的了解。德國自一九六一年開始實施社會役，在當時每年有三萬餘役男轉服社會役，我經常在公共服務的機構，例如紅十字會及老人安養中心，看到不少的社會役役男在工作。他們精力充沛、紀律嚴明與服務熱忱，和部隊中之役男毫無二致，這也是我個人在德國留學時最大的感觸之一。

　　所謂的社會役，是廣泛的「兵役替代役」之俗稱。兵役替代役顧名思義便是「取代」兵役的一種制度，廣義的替代役可以包括幾種役別，例如警察役（含消防役）、民防役、赴海外落後地區服務的國際開發役，以及狹義的在社會領域內，例如社服、醫療及環保單位服務的社會役。歐洲各國對替代役的重心都置於後者之上，也使得社會役成為替代役的代名詞。社會役在五〇年代的歐洲開始流行，這個制度的起源是為了保障與尊重少數役男的宗教信仰而來。西方流派眾多的基督教派中有幾支的教義是服膺「絕不可殺人」的戒律，甚至面對殺人兇手與敵人的威脅時，亦不可為了自衛而殺人。這種極端的教派，例如耶和華證人會，其信徒因此拒絕入伍服役，即使一再的被判刑、入獄亦在所不惜。面對這些令人頭痛的拒服兵役者，政府既然無法強徵其入伍，或即使強徵入伍，也不會成為勇敢善戰的軍人，似乎即無必要花上眾多的心思，強迫其入伍成為軍人。同時著眼於國家在步入福利國家時必須廣設社會福利機構，這些社會福利機構例如老人院、醫院等等，亦需要龐大的服務人力，如果完全自就業市場獲取人力時，政府勢必無法支

付高昂的人事費用，此時若能夠將不願服兵役的役男投入此行列，豈非兩全其美？此便是社會役產生的契機。社會役將要求役男把對國家的「大忠」──入伍服兵役保衛國家，轉變為以「大愛」積極的投身到社會福利的實踐之中。

因此在其結構上，社會役的制度必須反應下列幾個精神：

1.公平性：替代役與兵役都是本於役男有對國家付出一段光陰來效力的義務，因此任何青年都必須享受「服役正義」的保障，易言之，服替代役與服兵役都應該有實質的平等，西歐各國實施此制度便要求在公平方面使得兩種役男在待遇方面應完全平等，社會役與兵役役男不僅所得薪俸應一致，甚且在紀律懲處、生活福利等都有相同的標準。服兵役因需住在部隊過團體生活，為戰備、演習往往會超時，故服社會役的役期應該超過兵役的三分之一或一半，以達到實質的公平。

2.勞逸平均的原則：社會役是在公益事務方面服務，也是報效國家社會的一種方式，因此與役男在服役時必須經歷嚴格的訓練，而且必須使用高危險性的武器，甚至必要時還需經歷慘烈的戰鬥，並不相同。為了平衡兩種服役的內質特性，就必須對於社會役的服勤「質量」與「數量」給予最嚴格的限制。社會役絕對不可變為一個摸魚與偷懶的體制，所以主管機關必須對每一個社會役的工作嚴加考核，否則立刻會產生「劣幣驅逐良幣」的後果。當役男一窩蜂的湧向選擇服社會役時，國家的兵役制度便即會崩潰。

3.嚴格的紀律主義：軍人講究嚴格的紀律，否則無法維持軍紀達成軍事任務。同樣的，社會役工作散在各民間，「惰性」的誘因甚強，且社會役役男在養成過程不易接觸到嚴格的紀律教育與體驗，很可能形成一個紀律渙散的團體，不能提供社會滿意的服務品質，因此社會役役男的紀律規定大體上必須仿效軍法，社會役役男如果違反長官對任務的指派，將接受類似抗命罪的制裁，所以一旦我國實施社會役，為了使此制度一開始就樹立「可長可久」的典範，勢必須採行「重罰」主義，以表示國家不忽視嚴格紀律的要求。

我國明年一旦實施社會役，可能馬上會造成一股旋風，不少役男恐怕會為了逃避軍事生活的嚴厲與危險，幻想社會役是一個可以輕輕鬆鬆服役的類別，而選擇此社會役。這股旋風如果政府有關單位不能在設計社會役制度時就已預謀對策，且在制度實施後不嚴格執行紀律與管理時，社會役的推行將立即對兵役及國軍的士氣造成極大的衝擊，而國家的社會役制度本身也未蒙其利，故會形成一個「雙輸」的局面！因此在此我願意呼籲朝野黨派，特別是行政院及立法院決策人士，應該立刻花下最多的精力來關注本制度的構建，務使我國的替代役制度，能在參酌歐洲二十餘國家實施的經驗後，才「取其精華，去其糟粕」的建立成為一個最好的制度！同時為了吸引更多的役男能夠憧憬軍旅生涯、成為英雄，國防部應該組成一個專案小組，研究在實施社會役後，如何在軍人的管教、福利與合理、

開明方面謀求進步，並加強宣傳，使得絕大多數的青年得以選擇穿上軍服為第一志向。

另外，我們也對新成立的社會役給予最大的期待，服社會役絕對不是「第二等役」，社會役役男亦非「二等役男」，而是一樣滿懷報效國家社會的熱血青年，對於體能不適合服兵役而轉服社會役的役男，這種心理建設尤其重要，一位全心全力奉獻在諸如照顧殘障老人、清掃垃圾或奮不顧身的救火任務中的社會役役男，一樣是全民引以為傲的英雄。在此，我想起了一句在德國普受肯定的標語——兵役與社會役是一枚勳章的兩面。我們期待明年我國實施的社會役，便是這一種「雙贏」的制度，明年七月我國是世界上除歐洲以外第一個實施社會役的國家，值得我們歡欣與警惕：我國的社會役只許成功，不許失敗！

不過，我國在規劃社會役的制度時，也不可避免的會陷入一些盲點：例如我國實施的替代役不把歐洲強調社服性質的社會役當成重心，反而是作為補充治安（及消防）人力的不足；對社會役役期不予合理的延長，只是較兵役役期長二個月，無法形成「合理的差距」；仍將社會役視為「替代」兵役的一種，且將之列入兵役的一環，使役男具有後備軍人的身分……，本書之所以趕在立法院審議相關此案之際付梓，即希望能及時提供立法院關於此新制的一些資訊，以改正上述的偏差方向！

在此，我很感謝揚智文化總編輯孟樊學棣的熱心邀稿及提

供最有效率的出版服務，讓本書有重新補添最新資訊的機會。
同時又接到耶和華證人會世界總會會長漢舍（M. G. Henschel）
寄來的感謝信函！歐洲各國在過去半個世紀能毅然實施社會
役，跟該教派信徒前仆後繼的拒服兵役有密不可分的關係。我
是一個基督徒（天主教），對於聖經及基督教義的了解雖和該
教派不無差距，但確可體會他們為追求信仰的內心動因！我也
確信，他們外表雖馴若綿羊，內心卻有雄獅般的毅力，國家若
嘗試用嚴刑峻法來強迫這些信徒成為勇猛的武士，一定達不到
任何目的！此時即可看到社會役制度的絕佳作用了！為何不讓
這些具有很強愛心、真誠的青年去醫院、療養院照顧那些貧
困、無助的同胞？

　　在此，我必須感謝丁守中及簡錫堦兩位立法委員長年來給
我的支持，及為本書賜序的隆情盛意，我國立法院內有如此深
具理性、愛心的國會議員，當是全民之幸。我也更希望向這兩
位好友表達一個期望：在立法院內形成一股風潮，使我國社會
役的法制有一個良好的開始，使我國全國青年在千禧年開始，
能有一個為國家「盡大忠」，或為社會「盡大愛」的機會！

　　本文在付梓前，台灣正遭到史無前例「九二一」大地震的
侵襲。地震過後的災區一片瘡痍，令人心酸。我們看到了國軍
弟兄不眠不休的放下戰備任務，投入救災，贏得全民的讚譽。
但如果我國遭逢戰爭，也造成類似的災情時，再期待每日有二
萬餘人的國軍放下武器來救災，就不合實際了。且我國若早幾
年就實行社會役，那麼政府一聲令下，所有已編入民防隊的退

役社會役男即可投入救災。幾萬名已有救災訓練的民防隊員無疑的可在此次大災難中發揮所長。「來者可追」，我們希望朝野黨派立刻認清我國實施社會役的契機，正在今日！才可以使我國有「抵抗力」應對「不可知」的未來。

陳新民　謹識於
南港、中央研究院

目　錄

1 緒 論

　　民國八十年前後，台灣地區因警力不足治安嚴重惡化，因此國內輿論有發出研究引進「警察役」之呼籲，希望藉著對兵役制度作較彈性的改革，一方面在不影響國家軍事整備的考量下，能夠引入充沛的役男人力來改善國內的治安。

　　將人民服兵役的義務轉化為其他促進公共利益，或達成國家任務的制度，可統稱為「兵役替代役」（substitute service），或「選擇役」（alternative service）。這種替代役的範圍，在實施義務兵制（徵兵制）的歐洲國家裡，也各有不同的範圍。廣義的替代役，包括了警察役、民防役、國防科技役、社會役以及派往海外第三世界協助他國（或本國海外屬地）發展的「海外合作役」。還有一些國家把許可役男轉往軍隊非武裝單位，執行「非武裝」之任務，稱為「後勤役」者（如義大利、比利時），亦列入替代役的範圍之內。但是，本書所要討論的制度，卻是被定義為狹義的替代役，也就是近三十年來，普受歐洲青年歡迎，形成整個歐洲有關兵役制度修正潮流的「社會役」制度。對於廣義替代役裡的其他役別，如警察役、國防科技役……等等，本書只有附帶加以討論，這是因為除去警察役外，其他廣義的替代役役別（例如國防科技役）的制度並未普遍；而警察役（及民防役），不論就役男的訓練及服役的性質（如使用武器），亦頗類似兵役，不似社會役之制度是以全新的服役理念來注入到國家與社會生活之中，所以本書是以社會役為對象。但是，我國引進的社會役（本書第五章以下）卻反其道而行，反而強調在「替代」兵役的意義，也就是採行廣義的替

代役概念，不重視狹義的社會役。在第五章後會有詳盡的分析。

　　社會役（civilian service）亦有譯為「民役」者，以作為「兵役」的相對名詞，和所謂的「良知拒服兵役」（conscientious objection）觀念和運動有密不可分的關係。在歐洲各國，這兩個名詞幾乎是互通。例如申請轉服社會役，稱為「申請良知拒服兵役」；「社會役委員會」稱為「良知拒服役委員會」……等等。本書所使用之「社會役」用語即指此而言。

　　社會役制度的理念是源於基督教及人道主義，在一次世界大戰前後歐洲「裁軍主義」盛行時代，已經高唱一時。北歐諸國，例如丹麥在一九一七年、瑞典在一九二〇年、挪威在一九二二年、芬蘭在一九三一年都試行將「良知拒服役者」編入軍隊的「後勤役」或是指派擔任社會服務工作。但是直到了五〇年代、六〇年代裡，才正式在西歐、北歐各國形諸法律，獲得國家全面的肯定，成為制度。以一九九九年的統計，歐洲國家中已經有二十三個國家實施社會役，其他未實施社會役的國家例如英國、愛爾蘭、盧森堡、冰島等未實施徵兵制，所以無社會役之問題。其他實施徵兵制諸國已全部實施此制度。而已轉變為民主體制的東歐國家例如捷克、斯洛伐克、波蘭、匈牙利、烏克蘭等國也在一、二年間引進了社會役制度。雖然其規模和體制之完備離西歐諸國仍有距離，但多少也表示這些甫脫離共產國家體制的國家，已完全步趨西方之法制。

　　如果吾人進一步考察歐洲這些國家之所以致力實施社會役

制度的理由，重視保障人民的宗教權及尊重役男「不執武器」（不殺人）的宗教和良知抉擇，固是諸國承認此制度應存在的一個主要動機及理論基礎。但是，在社會的現實面來論，役男由兵役轉為社會役後，可以給社會的公益機構提供巨大的人力資源，使國家更能在「服務」任務方面滿足社會之需要，避免社工人員的缺乏，這才是歐洲國家之願意削減兵役人員，增加社會役之役男數目的另一個「實質」的取捨因素。在後者的意義而言，對於以宗教訴求並不嚴重的我國討論引進兵役替代役，才有積極的意義。

鑑於我國是一個法治國家，近年來也極力提倡福利國家的理念。十年國軍人員精簡計畫，已成功的將國軍人數縮減到四十萬；而民國八十三年年底，八十四年開始正式實施的「全民保險」政策等，都可能使我國面臨到在社會政策，社會福利方面，迫切需要人手之窘境。而人力精簡下的國防兵員中，亦可望勻出不少役男投入到社會服務等範圍之內。更何況我國已發生役男（至少二、三百起）基於信仰不願入伍服役，而一再入獄服刑的案子。所以，研究引進歐洲這些制度對我國而言，更可看出其前瞻性及必要性。

當然，我國目前法制上，要立即接納這種制度恐亦有困難。例如我國憲法第二十條明定人民有「服兵役」之義務，因此要許可人民有轉服替代役之義務及權利，恐就必須透過修憲及制定新法不可。另外，對於外國實施有年的社會役，以及其他兵役的替代役，有哪些制度和理念可以作為我國日後採擷的

參考？恐怕亦需吾人全面的進行研究。本書便是針對法制和實務運作角度著手，除了翻譯德國、奧地利等五國的社會役法條文，也介紹十二個目前已實施（或將實施）社會役國家之制度，以供他山之石的參考。

由於目前國內外並無任何一本著作全面且仔細介紹歐洲各國的社會役之制度，各國法令規章及制度也鮮有譯成英、德文，各國主管機構（往往以業務機密為由）也並不皆很熱心提供資料，本書在收集資料及撰寫過程，遭遇甚多挫折和語言的障礙。本書第三章對歐洲各國社會役制度的介紹，即不可避免的會細疏有別。本書第二章特別詳盡介紹德國社會役的理由，除了作者自德國「聯邦社會役署」及其他研究機構獲得大量的資料，可資利用外，也著眼於德國實施社會役已接近四十年之歷史，是歐洲各國中實施本制度最久的國家。德國投入社會役工作的役男，九三年起每年都超過十萬之眾，迄今總共已有一百五十萬德國青年服過社會役。所以德國社會役不僅人數最多，而分派任務、紀律及管理也井然有序。負責社會役之專責機構——聯邦社會役署，且擁有一千三百五十名公務員，亦是歐洲規模最大的社會役專責機構。歐洲各國在實施社會役制度前、後，幾乎沒有不參考德國制度，及赴德國考察者。故本書將德國社會役制度的討論列為專章，以求深入。

本書第四章對歐洲各國實施替代役的利與弊，作整體性的評估，並分析我國有無取法該制度之價值。如果我國要採行該制度，有哪些替代役之種類可以採行？程序如何？第五章討論

我國政府對於實施社會役制度的規劃情形,本章將我國政府自決定實施社會役後,由幕僚單位的規劃方案步驟開始談起,以迄行政院作出初步的方案為止,已可略窺政府對此新制度的構想。第六章將簡短的提出個人的研究結論及一些期許。

2 德國社會役制度之介紹

第一節　替代役的種類和社會役立法

一、替代役的種類

　　德國由於第二次世界大戰戰敗之因素，一九四九年之西德基本法中原並無聯邦軍隊之設立。迄自韓戰爆發，西方盟國及西德有鑑於軍備之需要，遂於一九五六年三月十九日第七次修正基本法，增訂了所謂「軍事憲法」，重建聯邦軍隊。

　　為因應軍隊重建後之徵兵問題，並且在不違反基本法第四條第三項所保障之信仰自由之前提下——亦即「任何人不得被強迫違背其信仰而服使用武器之兵役」，一九五六年之第七次基本法修正同時，也在第十二條第二項中規定：「凡因信仰之理由而拒服兵役者，得負有服替代役之義務。」此項規定，後因基本法在一九六八年第十七次修正而納入現今之第十二條 a 第二項條文中。按第十二條 a 第二項規定：「凡因信仰之理由而拒服兵役者，得負有服替代役之義務。替代役之期限不得逾越兵役之期限。其細節由法律訂之。該法律不得妨礙信仰決定之自由，並且必須與軍隊及聯邦邊防警察制度完全無任何關聯。」

　　德國及齡男子得不服兵役，而選擇各種替代役，其大致有

下列數項：第一是「警察役」。德國兵役法（第四十二條）規定，在德國各種警察機關以及鐵路警察局擔任警察者，得免服兵役；而同法第四十三條 a 也規定，依「聯邦邊境防衛法」（Gesetz fuer Bundesgrenzschutz）之規定，擔任邊境警察者，其服警察役之時間可抵銷兵役之期間。同樣地，依社會役法第十五條規定，警察在任期內不必服社會役，據統計每年約有八千名役男參加此行列。第二是「開發役」。這是指參加海外援助未開發國家者，此乃德國援外計畫中之一環。每年將近有一千名青年參加這種援外之「開發役」。第三種「民防役」，是參加民防團及災難防衛團。依社會役法第十四條規定，參加這種民防團隊服務之時間長達八年——即使不必每日服勤。每年約有二萬七千人參加。這是所有替代役中次於社會役之最多的種類。第四種則是「社會役」，役男投入促進公共利益的服務行列。

二、社會役的立法

德國目前有二個主要法律來規定「拒服兵役」及「社會役」之相關事宜。第一個法律為一九八三年二月二十八日公布之「拒服兵役法」。本法律係規定役男如何申請拒服兵役之程序，以及審核該申請等有關事宜，總計共二十三個條文。第二個法律乃規範整個社會役之母法，也是本於基本法第十二條（現今第十二條 a）之授權，由聯邦眾議院於一九六〇年一月十三日

公布之「社會替代役法」（Gesetz ueber den zivilen Ersatzdienst）。該法律經數次修正，並在一九七三年正式更名為「社會役法」。目前適用的版本是一九九四年九月二十八日修正，且在九七年六月又小幅度修正（僅一條）的版本。（見附錄一）

　　一九六一年四月十日西德第一批服社會役之役男，總計共三百四十人，正式應徵服役，德國役男服社會役之人數有逐年增加之趨勢，在一九七一年為五千六百五十三人。到一九九二年底，已增加到十萬七千餘人。至一九九七年七月一度打破紀錄，服役人數超過十五萬人，平均而言，近一兩年都是十三萬餘人（見**表2-1**）。而全國每年可提供十八萬個服務機會。由此可知，社會役制度在德國三十七年運作期間，已由萌芽、成長，而迄現今之茁壯！

　　德國社會役制度之運作已達「法治化」與「制度化」。從申請程序、許可認定、救濟途徑等程序層面，以至得服社會役之場所、服社會役之人之權利義務等實體層面，皆有完整之規定及一套完善之運作流程，由專門執掌社會役事項之主管機關負責。茲就德國社會役之主管機關、制度現狀及其運作，分別加以介紹。

表2-1　服社會役役男人數統計表

年代	一月	十二月	年代	一月	十二月
1971	5,653	7,338	1985	42,541	57,195
1972	7,512	10,467	1986	58,218	67,680
1973	8,917	12,583	1987	69,044	75,667
1974	12,144	15,018	1988	76,679	81,739
1975	14,794	17,087	1989	83,832	95,679
1976	16,883	17,033	1990	97,035	75,955
1977	16,762	24,525	1991	74,476	83,030
1978	25,339	26,896	1992	86,696	107,392*
1979	26,657	30,786	1993	104,059	122,456
1980	30,773	34,138	1994	118,287	128,239
1981	33,112	34,526	1995	122,661	132,766
1982	33,481	36,380	1996	120,904	133,839
1983	35,480	38,791	1997	134,942	134,046
1984	37,758	43,063	1998	135,411	133,303**

* 在一九九二年十月，役男人數曾一度高達十二萬人。

** 這是一九九八年的全年平均人數。

第二節　社會役之主管機關

一、歷史演變

　　德國在一九六○年一月十三日通過社會役法實施社會役，當時係將社會役之實施，交由「聯邦勞動及社會秩序部」（Bundesminister fuer Arbeit und Sozialordnung）領導與執行。一九六五年六月二十八日，國會通過「本法」之修正，將社會役之主管機關，由上述「聯邦勞動及社會秩序部」移轉至「聯邦內政部」下轄之「聯邦行政署」（Bundesverwaltungsamt）。一九六九年十一月五日，內閣會議雖在未決定將社會役主管機關移回至原來之「聯邦勞動及社會秩序部」前，便在該部中設立一個「聯邦社會役監察員」（Bundesbeauftragter）之職位，作為本部（及部長）對外界及役男就有關社會役問題之代表機構。一九七○年四月十六日第一位「監察員」Hans Iven 就職。至一九七三年，社會役之主管機關又作了重大改變。首先，確認社會役的最高機關為「聯邦勞動及社會秩序部」，並在本部下設置一個「聯邦社會役署」（Bundesamt fuer Zivildienst）。同時，另外成立一個「社會役委員會」（參閱本法第二條 a）。

一九八一年十月一日，德國國會又通過「本法」修正案，將社會役主管機關由「聯邦勞動及社會秩序部」移轉到「聯邦青年、家庭及健康部」。至此，社會役主管機關的歸屬始塵埃落定，運作至今。除了「聯邦青年、家庭及健康部」在一九九二年更名為「聯邦婦女青年部」，一九九五年本部再度更名為「聯邦家庭、老人、婦女及青年部」，以表示對老人福利的重視。

二、目前組織體系

德國聯邦政府負責社會役的部門，最高機關是「聯邦家庭、老人、婦女及青年部」（簡稱「聯邦婦青部」）。「聯邦婦青部」下設四個司，其中第三司（青年事務司）中又分三科。第三司第三科是負責社會役事項。但是該「科」係辦理法令研究及中央監督之事務與幕僚單位。「聯邦婦青部」的組織表參見圖2-1。

目前該第三司第三科（社會役科）共有職員二十五人。實際上負責執行社會役的機關是「聯邦婦青部」下特別設立的「聯邦社會役署」，受部長及次長之指揮。聯邦社會役署之組織，請參見圖2-2。

在一九七三年德國聯邦社會役署成立時，共有二百八十二位職員，為一萬零四百六十名役男服務。至一九九八年底為止，社會役男人數已達十三萬餘，而相對的德國聯邦社會役署

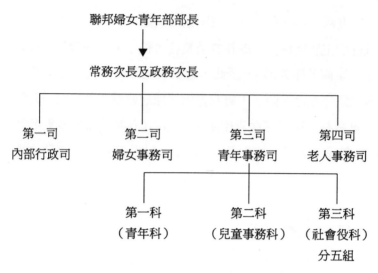

圖2-1　聯邦婦青部組織圖

職員已增加到一千三百五十人。署址位於科隆市。

　　值得吾人注意的是，依據「本法」第二條第二項設置之「聯邦社會役監察員」並非「聯邦社會役署」之上級官署，並無對該機關下命之權。只是作為對外代表本部及部長有關社會役事務之「政策監察員」，實際上並沒有太大的權限。事實上指揮社會役行政及決策事務的最高官員係「聯邦婦青部」負責青年事務之政務次長（Parlamentarische Staatsekretaer）。德國聯邦社會役署是中央（聯邦）機構，此外並未在國內各邦內成立分署機構，故是標準的專屬的聯邦行政機構，故可以收統一事權之效。

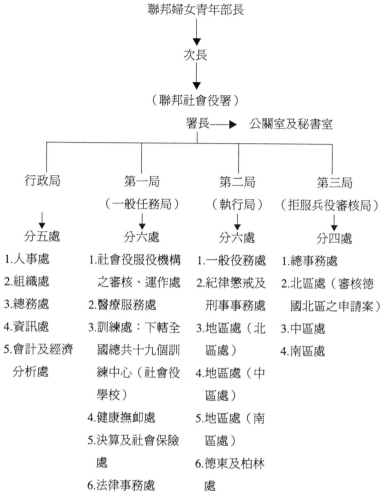

聯邦婦女青年部長

次長

（聯邦社會役署）

署長 ──▶ 公關室及秘書室

行政局	第一局	第二局	第三局
	（一般任務局）	（執行局）	（拒服兵役審核局）
分五處	分六處	分六處	分四處
1.人事處	1.社會役服役機構	1.一般役務處	1.總事務處
2.組織處	之審核、運作處	2.紀律懲戒及	2.北區處（審核德
3.總務處	2.醫療服務處	刑事事務處	國北區之申請案）
4.資訊處	3.訓練處：下轄全	3.地區處（北	3.中區處
5.會計及經濟	國總共十九個訓	區處）	4.南區處
分析處	練中心（社會役	4.地區處（中	
	學校）	區處）	
	4.健康撫卹處	5.地區處（南	
	5.決算及社會保險	區處）	
	處	6.德東及柏林	
	6.法律事務處	處	

圖2-2　聯邦社會役署組織圖

三、經 費

　　表2-2是聯邦社會役署最近二十五年來之預算表。由此表中金額的逐年遞增，可看出該署花費之巨大。

表2-2　聯邦社會役署近年預算

會計年度	金額（馬克）	會計年度	金額（馬克）
1973	92,956,000	1986	888,009,000
1974	119,735,000	1987	1,116,539,000
1975	175,561,000	1988	1,237,056,000
1976	193,721,000	1989	1,418,063,000
1977	207,291,000	1990	1,838,332,000
1978	303,134,000	1991	1,735,484,000
1979	359,742,000	1992	1,774,868,000
1980	439,414,000	1993	2,195,940,000
1981	482,008,000	1994	2,355,905,000
1982	482,225,000	1955	2,489,136,000
1983	480,470,000	1996	2,508,791,000
1984	531,097,000	1997	2,659,785,000
1985	681,900,000	1998	2,694,444,000

第三節　社會役制度之運作

一、服役之資格

　　由基本法第十二條a第二項之規定，凡具有法定拒服兵役之理由，且經主管機關許可之人，始為適格之服社會役之人。換言之，申請服社會役之人必以其「具備拒服兵役資格」為前提。按基本法第四條第三項之所以肯認人民有拒服使用武器之戰鬥役的權利，實乃以保障人民之「信仰自由」為出發點。基於人民有權決定自身信仰之前提，拒絕殺害人類或使用武器之人，得以書面或縣徵兵局之筆錄向主管機關提出申請拒服兵役。一切證件齊備時，需時四至五個月。自一九五六年德國重建聯邦軍隊以來，歷年來申請拒服兵役之人數，逐年遞增。由最初一九五八年的二千四百四十七人，至一九九七年已增至十五萬五千餘人之多（見**表2-3**）。審核一個拒服兵役之役男能否轉服社會役，由聯邦社會役署第三局負責審核。是以，服社會役之人在身分上有其一定之條件——亦即當服兵役係違背自己之信仰時，始得以「拒服兵役之人」的身分改服社會役；若非基於此等信仰上之理由，則役男仍以服兵役為原則。至於人民申請拒服兵役轉服社會役之成功率，在一九八四年至一九九八

表2-3　申請拒服兵役人數統計表

年代	人數	年代	人數
1956	—	1982	59,776
1958	2,447	1983	66,616
1960	5,439	1984	44,014*
1962	4,489	1986	58,693
1964	2,777	1988	77,068
1966	4,431	1989	77,432
1968	11,952	1990	74,569
1970	19,363	1991	150,722**
1972	33,792	1992	133,856
1974	34,150	1993	130,041
1976	40,618	1994	125,694
1977	69,691	1995	160,493
1978	39,698	1996	156,681
1980	54,193	1997	155,239

* 當年之社會役由十六個月延長到二十個月。

** 波斯灣戰爭之影響。

年，總平均為 89.22 ％。德國審核轉役雖是採形式審核，不作實質審查，所以被拒絕轉役者以證件不齊備占最主要因素。據德國聯邦社會役總署的統計，八四年至九八年間被拒絕轉役的原因中，未依規定提出證件——例如自傳、詳細說明拒服兵役的理由……者，占44.5 ％；不符法定要件者占33.19 ％；拒服理由不充分，無可信度者占 5 ％；申請人撤回者占15.68 ％。

所以，只要理由說得出來，證件齊備，加上兵役役男已少於社會役役男，德國役男申請社會役成功率極高。不過，德國也有少數役男硬是絕不入伍——包括社會役在內——且無任何合法的理由。這種役男自一九八○年迄今，每年有十餘至四十人不等，皆遭法院之判刑。

至於德國服兵役役男和服社會役之比率，通常都是三比一。例如一九八九年全德共有及齡青年四十八萬人；一九九○年有四十六萬人；一九九一年有四十萬人；一九九二年有三十六萬人。以一九九二年之標準，約有22％有法定理由不必服役，役男選擇兵役者為十八萬人；社會役者五萬二千人；警察役人數八千人，民防及災難防護團人數二萬七千人，故服兵役者占全體役男人數64％；社會役占18％；民防團占9％；警察役則占3％。

隨著柏林圍牆倒塌，華沙公約解體，德國國防軍力也大幅裁減。九五年後德軍已裁為三十三萬人。從而役男需求也跟著降低，以一九九七年為例，德軍需要十三萬五千名役男，其中十一萬二千名為當年徵召入伍，另二萬三千名徵求自願留營。而九七年當年社會役服役人數即達十三萬四千人之多。九八年的人數亦應相差不大。因此，服社會役人數已經超過服兵役者。易言之，六成役男已是服社會役，兵役役男僅占四成強，頗有「反客為主」了！

二、社會役之徵召

　　經許可拒服兵役之役男，應經「聯邦婦青部部長」所定規則而應徵服社會役。但徵集令則是由聯邦社會役署所頒布。役男收受徵集令後，即應至指定之服役場所服社會役。倘若受徵召之役男對於徵集令不服時，得於報到兩週內提出異議。惟該對於徵召令之異議或訴訟並無延展之效力，受徵召之役男仍須於指定之日期報到開始執行其勤務。然而，當受徵召之拒服兵役役男向管轄之行政法院提出「急速處分」之聲請時，該徵召令應予延緩。受徵召之役男，其年齡原則上不得超過二十八歲（社會役法第二十四條第一項）。

　　至於服役之期間，依據社會役法第二十四條第二項之規定，社會役之服役期間得較之一般兵役長三分之一，本來在一九七三年前兵役和社會役一樣長。所以德國聯邦參議院在一九九〇年曾經決議，要求眾議院通過「本法」修正案，將服社會役之役期縮短與服兵役相同，但旋即被眾議院否決，而維持原本之制度。自實行社會役制度以來，社會役役期長短時有更易，從一九七七年的十四個月，到一九八四年的十八個月。而從一九九〇年七月十三日起，德國兵役役期由原先的十五個月縮短為十二個月，社會役役期便由原先的十八個月縮短為十五個月。一九九六年一月一日起，兵役縮短為十個月，同時社會役法也更改，使社會役較兵役多三個月，共十三個月。

三、服社會役之場所

社會役之任務在於使已受許可得拒服兵役之人，得不違背其信仰被迫服使用武器之兵役，進而將此等役男投注於公益事務，尤其是以「社會領域」為優先（社會役法第一條）。德國社會役法第四條雖有規定役男應至「已獲許可」的服務機構服務，但該法並未如其他一些外國法律——例如奧地利及葡萄牙等，採明白列舉說明之方式。故本條之規定是相當的概括，而由主管機關擁有相當程度之審查權限。

值得吾人注意的是，到底哪些機構始屬於「公益任務」之範疇？依德國之審核標準，該機構必須是「非營利機構」才可。營利機構——即使經常在虧損及受公款補助，例如養老院，亦不符合此條件。適格的機構必須由財政部開具證明才可申請接受社會役男。「聯邦社會役署」第一局第一處即負責審核哪些機構符合要件。據德國婦青部在一九九三年之分析，一位社會役男在一個公益機構的服務，於十五個月的服役期間，總共可為該機構創造三萬三千馬克的利潤（包括人事費用減省在內）。因此，德國各公益機構皆戮力爭取役男之加入。

凡符合社會役之公益任務，並且已獲許可之工作場所或社會役團體，皆得成為社會役場所（社會役法第三條第一句）。因此，除社會救助等固然屬於公益，而環保、自然保育或景觀維護等亦在社會役之工作範疇內。抑有進者，在迫切需求之情

形下，服社會役之役男亦得從事與社會役相關之行政工作（社會役法第三條第二句）。例如在社會役團體、聯邦社會役署，以及與社會役事務有關之部級行政單位內從事相關之行政工作。

　　根據最近二次對於德國境內所有社會役場所之工作職位所作的統計資料顯示，依照工作職位多寡之排列，其依序為：照料與照顧勤務、手工藝工作、機動性之社會救濟勤務、病患運送與救護工作、對重障者之個人照料工作、公用事業之服務、園藝與農業活動、環保、駕駛工作，以及商業及行政工作。而其中屬於社會領域的「照料與照顧勤務」以及「機動性之社會救助勤務」即占所有工作職位近三分之二強（見**表2-4**），尤其是德國有許多大型、組織化之公益團體，即可有系統的使用社會役之役男，並予以良好之管理。例如德國紅十字會每年有一千六百個工作場所，需要一萬五千八百個役男；德國平等福利會（DPWV）有三千五百餘工作場所，需要二萬名役男；德國基督教會需要二萬七千名役男……等等。因此，大多數的役男是在此大型的公益團體裡服務。如果工作職位不足，那就只有「等待」一途！但此種情形在德國極少發生，蓋在德國能提供社會役之機會實在太多。例如一九九〇年一月，登記有案的社會役工作機會有十一萬二千人，但實際上當時僅有九萬七千個役男；一九九一年一月有十二萬個工作機會，但同期僅有七萬四千個服社會役之役男，一九九七年十二月十五日有十八萬一千個工作職位，但同時期僅有十三萬四千個役男，故呈現出

表2-4　德國社會役工作項目表

（本表的服役人數可能有包括前後二年的役男在內，即是統計時役男的
人數比常年入伍者多）

項　目	人　數		
	(1/15/1991)	(8/15/1992)	(12/15/1997)
1.照料及照顧勤務（醫院或療養院）	72,232	75,677	96,797（53.5％）
2.手工藝工作（例如修水管、門窗）	22,452	21,798	23,216（12.8％）
3.機動之社會性服務（電召至老人或殘障人士家中服務）《註1》	15,590	17,633	16,562（ 9.1％）
4.病患運送	11,542	11,758	10,286（ 5.7％）
5.重障者之個人照料工作	7,970	8,048	7,896（ 4.4％）
6.公共事業之服務《註2》	7,211	7,472	9,183（ 5.1％）
7.園藝及農業活動	6,681	5,148	4,049（ 2.2％）
8.環保工作（保育植林、野生動物保護、垃圾清除）	3,390	3,492	6,236（ 6.4％）
9.駕駛工作	3,154	3,197	3,026（ 1.7％）
10.商業及行政活動	2,149	1,319	2,222（ 1.2％）
11.重障兒童個人照料《註3》			1,351（ 0.7％）
12.頂尖體育選手《註4》			201（ 0.1％）
總計：	152,371	155,362	181,025（100％）

《註1》亦包括替老人打掃家庭、清洗廚浴廁所、上街採購日常用品等。

《註2》指公共事業（如公立青年住宿中心）擔任洗衣、烹飪等雜務。

《註3》本項目在八七年開始獨立計算，以前列在第5項。本表九一年及
　　　　九二年之計算日期為九一年十二月十五日。

《註4》體育訓練員亦是新項目，自八九年開始實施。

「僧少粥多」之情形。

　　另外，服社會役之役男對於分發之工作場所是否有積極請求權，或是率由主管機關統一分發？根據社會役法第十九條第三項之規定，服社會役之役男不得請求主管機關分發其至特定之工作場所服役；而且役男亦不得被徵召至其未受徵召前已從事之工作場所服役。但實際之情形並不如此之僵硬，德國於一九九八年中，共有三萬七千個經許可之社會役服務場所，共有十八萬一千個服務職位。故一般情形是，役男由聯邦社會役署及各地社會役機關處取得一份介紹上述服務機構之資料，自行與服務機構聯絡。當雙方同意，並且也沒有違反法定禁止之事項（例如役男曾在此機構工作過）時，服務機構便可函告聯邦社會役署，請求批准。基本上都會獲得批准，然後頒發徵召令。因此，役男對於日後服務的工作性質及報到時間就較能掌握。惟當役男不能自行找到服役機構時，就只能依聯邦社會役署之安排，也較無法掌握工作性質與報到時間。役男自行找服務機會，可節省主管機關的工作負擔。

　　關於工作時數方面，原則上適用於役男被指派之工作場所對其他員工採取之標準（第三十二條第一項）。此項標準得透過團體協約、勤務協定或工廠協定決定之。若此項標準未存在時，則依公務員上班時數規定。依規定，合法之一週工作時數為四十小時。惟若役男所從事之勤務屬於「急救工作」，則其合法之週工作時數得予以延長，但不得超過五十小時。

　　役男在工作場所係採行「概括式」之服務，基本上不能自

行選擇工作項目。例如被派在醫院服務之役男，不能僅挑選服務病患，而不願做清潔工作，便是一例。

四、社會役役前訓練

一般而言，服社會役之役男在執行其勤務之前，應接受類似之新兵訓練。此項訓練在分設於全國之二十個「社會役學校」（Zivildienstschule）裡實施。每期訓練四週，集中住宿，採上課制。前二週是一般訓練，後二週進行專業訓練。此專業訓練共六十個小時，使得役男對日後工作擁有初步之技能。一九九六年一月為配合社會役役期縮短，將二週的一般訓練減為一週。但專業訓練不變，至於需要較多訓練之工作，例如救護工作，專業訓練總共可長達六週。

五、社會役服役之住宿

服社會役之役男是否比照普通兵役一般，須集中住宿？抑或得任由各役男於當日工作結束後自行返家，亦即採取類似「上下班」之開放式管理方式？此問題涉及到役男在服役期間是否得領取房屋津貼。根據社會役法第三十一條規定：「服社會役之役男基於勤務命令負有居住宿舍及參與伙食之義務。勤務上之宿舍係指由聯邦社會役署或勤務場所所指定之宿舍。」原則上，社會役團體或根據社會役法第四條申請列入社會役場

所而經許可之僱用場所，皆應免費提供宿舍以供役男住宿。依聯邦社會役署審核申請為社會役工作場所之標準，服務場所提供給役男之宿舍，最低標準為四人一個房間，凡是兩人至四人一個的房間，房間內應有衣櫃、桌、椅等起居家具，平均一個人之空間應有四‧五至六‧七五平方公尺方可。另外，也應有交誼廳供娛樂休閒之用，四人一個房間內應有盥洗設備。單人房則設備可較少，但面積至少要九至十三‧五平方公尺。德國許多提供社會役工作大多是大型的、有組織的公益團體，且最大的一個工作單位共有一百五十位役男工作，故宿舍、餐廳設備皆較妥善。若這些服務場所沒有足夠的空間，而必須改建既有房舍以及新建房舍時，德國政府特別訂有給予貸款的措施，可以透過申請，經查核藍圖屬實後給予補助。

徵召令中應告知役男服役之場所與住宿之地點。若因工作場所無宿舍提供，而須承租非屬於僱用場所所有之房屋時，則僱用場所應發給房租津貼。甚且，倘若在僱用場所中無宿舍之存在，且經承租之努力後仍無法覓得房屋，並且在申請列入社會役場所時已告知而經許可者，則僅有居住於該僱用場所鄰近之役男始得被徵召。而役男如果有家於附近，則可以經許可後住在家中，此時不能申請房租補助。如果工作場所確無宿舍，德國亦許可役男在附近租房子，由政府分別補助七成至九成房租不等。對此另有詳細的法規。此時，若有通車之必要，則役男尚有向雇主請求給付交通費之請求權。依一九九二年十一月五日聯邦社會役署發給「社會役委員會」委員會議之資料，在

德西境內二萬三千個工作場所中約有68％是有食宿安排；另外32％沒有安排，由役男自理。德東境內的情形則相反，全境七千個服務場所中，90.5％並沒有食宿設置，9.5％才有食宿安排。因此，德國聯邦社會役署把改善德東境內服務機構之食宿設備當作日後之工作重點之一。是以，服社會役之役男係以集中住宿為原則，以返家過夜為例外。這與瑞士等國之情形不同，因為役男如住在家中，則可替國家或社會役服務機關節省許多宿舍之花費，此乃由經濟角度所作之考量。

六、服社會役役男之權利義務

服社會役之役男雖然沒有具有軍人之身分，但在「本法」上卻是援引軍人法令之規定，一般軍人所享有之權利及應盡之義務，皆適用於社會役役男之領域。是以，軍人法中關於軍人權利義務之規定，服社會役之役男仍有類似的法律上的權利與義務。例如就權利而言，服社會役之役男享有人權、休假請求權、薪餉請求權、實物配給請求權、照顧請求權、差旅費請求權等。和軍人法之規定相差無幾，社會役法只作一些細節上的修正，所以軍人法約束兵役役男和社會役法約束社會役役男並無太大的差異。社會役法只作性質上之差異調整並作細節性之規定（社會役法第二十五條b、第三十五條）。

德國社會役男與兵役役男之薪餉標準皆相同。依最近（一九九九年一月）之規定，其支給如下：

日俸（服役四個月以內）	：	13.50 馬克（下同）
日俸（服役四個月以後）	：	15.00
日俸（服役七個月以後，且必須個案決定）	：	16.50
耶誕節加給	：	375.00
每日三餐（自理者）	：	11.70
自理早餐者	：	3.20
自理午餐者	：	4.70
自理晚餐者	：	3.80
洗衣補助（沒發工作服者）每日	：	1.35
洗衣補助（有發工作服者）每日	：	0.95
退伍金	：	1,500.00

　　上述役男薪餉中，最大金額者為退伍金，德國之給予役男本來發二千五百馬克之退伍金，乃是預期役男必須在退伍後花上半年才能找到合適之工作，故才有給予以服役每日薪餉為標準計算，總數為半年薪餉之退伍金，但德國統一後，政府財政困難，故在一九九三年七月起降為一千八百馬克，到一九九六年起，更裁減為一千五百馬克。

　　另外，役男在服社會役時可享受休假權利。由服役第一個月的二天到第十三個月的二十八天，下列顯示休假的累計：

第一個月	2天	第三個月	7天
第二個月	4天	第四個月	9天

第五個月　11 天　　　第十個月　　22 天

第六個月　13 天　　　第十一個月　24 天

第七個月　15 天　　　第十二個月　26 天

第八個月　17 天　　　第十三個月　28 天

第九個月　20 天

　　役男必須在服役三個月後才能申請休假。上述所列的日數是以一週工作五天為計算標準。如果工作是一週六天時，休假總日數增加到三十四天。可由役男自行調配申請。一週工作五天或六天，是由服務場所依一般工作性質來作決定，役男不能有自主權。

　　次之，就義務而言，役男負有下列的義務：如尊重民主之基本秩序（社會役法第二十六條）、認真服勤之義務、維持工作和平與共同生活之義務（社會役法第二十七條第一項）、不得損害服役場所之義務（社會役法第二十七條第二項）、承受伴隨勤務所生之危險義務（社會役法第二十七條第三項）、受必要訓練之義務（社會役法第二十七條第四項）、遵守政治活動界限之義務（社會役法第二十九條），以及服從聯邦社會役署署長、工作場所領導人，與其他長官之勤務命令之義務（社會役法第三十條第一項），和軍人法一樣。

　　若役男違反社會役法上所要求之義務時，除法有明文科予刑罰，例如擅自缺席、脫逃、違抗命令外，尚應就其瀆職行為接受懲戒（社會役法第五十八條）。有權實行懲戒之長官為聯

邦社會役署署長以及其所指定之公務員，例如地區主管；然勤
務場所之長官或領導人不在此限。至於懲戒之方式，則因瀆職
行為之不同而分別有申誡、外出限制、罰鍰，以及停止加薪或
減俸等。在一九九二年全年，全德國社會役役男逃亡之案件共
有二百五十起左右。其中到年底已受到法院裁判者計有二百一
十六起，其結果如下：

判刑（包括緩刑）：1-5 個月		40 人
6-7 個月		64 人
8-10 個月		30 人
1 年		3 人
罰金：500-2,000 馬克		23 人
2,001-5,000 馬克		14 人
5,001-9,000 馬克		3 人
逮捕：		6 人
撤銷控訴：		33 人
		共216 人

　　倘若社會役役男對於依本法對其所發布之行政處分有所不
服時，應先向聯邦社會役署提出異議（社會役法第二十七
條）。蓋社會役法係屬公法之領域，因社會役法所生之爭議為
公法上之爭議，應尋求行政訴訟途徑救濟。受處分人在提起行
政訴訟之前，應先踐行訴訟前置程序，即向聯邦社會役署提出
異議。提出異議之期間原則上為受行政處分告知不服後一個月

內為之；但若該行政處分係為徵召或免職等，則異議期間縮短為兩週，蓋求法律關係之迅速確定。若聯邦社會役署認為異議有理由，則應變更或撤銷原處分；若維持原處分時，則受處分人得向行政法院起訴尋求救濟。惟須注意的是，法院針對徵召或免職之行政處分所為之判決，不得提起上訴，此乃對於救濟途徑之限制規定也（社會役法第七十五條第一項）。

第四節　結　語

由上述對於德國社會役制度之介紹，吾人得以略窺其制度運作之梗概。從主管機關、徵召、入伍，乃至工作場所之訓練與管理，皆是有制度之規劃。值得注意的是，德國至一九五六年重建聯邦軍隊以降，對於軍隊不斷朝法治化與人性化之趨勢努力，使得軍隊仍然吸引極大多數役男的服役，此實為德國軍事制度勇於自我檢討、調適及接受挑戰之一大特色。

隨著東西德統一之情勢，在一九九〇年九月二十三日的統一協約中，亦將前東德之拒服兵役法與社會役法納入其中，並規定於同年十月三日生效。自此以後，德國聯邦社會役署之土地管轄範圍又增加了五個新的邦。而根據一九九一年一月十五日之統計資料，兩德統一後，光是五個新德國邦，就共有二萬二千五百人服社會役，而社會役工作場所有八千一百五十七個，工作職位有三萬一千六百九十二個。目前的德國，每年總

共有超過十三萬名役男在社會各角落及各個公益團體服役,總共服社會役男已達一百五十萬人之多,已是一個最普遍實行社會役之國家。

另外,為了加強役男及社會對社會役制度的認識,同時為提供役男交換工作經驗的一個園地,聯邦社會役署特別出版一份《社會役雜誌》(*Der Zivildienst*) ,以極低廉之價格(每本零售二‧五馬克,全年訂閱十馬克)寄給每位役男。其每期之內容皆詳盡的將統計資料、工作機會,以及役男權益有關之法令,加以介紹。此作法對於社會役之實行,具有極正面之作用。這也是值得吾人借鏡之處!

最後,吾人由上述之介紹可知,德國對社會役之實施具有一套完整、有效率的制度,德國也變成其他國家取法之對象。除了瑞士已於一九九二年中派員至聯邦社會役署考察,並完成立法外,葡萄牙之社會役制度也主要是取材自德國。在一九九二年底,智利國防部長羅哈士 (Dr. Rojas) 也率領國防部高級官員到德國聯邦婦青部訪問,其主要目的乃欲了解德國社會役之實施情形,考慮制定社會役法來解決智利日益增加之役男拒服兵役問題,至於東歐在鐵幕解體後幾乎每國無不實施社會役,也毫無例外的到德國取經,而德國也都熱情接待,毫無保留的傾囊相授。筆者自己親身的經驗可感受到德國對此制度實行的「驕傲」。所以德國成為社會役的「輸出國」。故德國社會役制度廣受各國之重視,絕非溢美之詞!

3 歐洲其他國家實施社會役之簡介

第一節　奧地利的社會役制度

一、歷史

　　奧地利憲法第十四條（STGG）第一項規定了「人民的信仰及良知自由應予保障」。同時，在第二項復規定，「人民擁有前項宗教自由，不能影響其應履行公民之義務」。所以，依奧地利憲法並未明文規定奧地利人民享有拒服兵役而許可轉服社會役之權利。

　　奧地利自一九五五年恢復主權後，即開始建立國軍來保障國家的「中立性」。同年公布的「兵役法」規定所有及齡（十八歲）之役男，皆有應召入伍之義務。但是，如果役男主張其有宗教及良知之理由，不能或不願執武器時，依「兵役法」（第二十五條）之規定，這種役男可以編入「後勤」單位。役男被編入軍隊的「後勤單位」者，其服役期間較編入戰鬥部隊者，長達三個月之多。易言之，前者需服役十二個月，後者常服役九個月。奧地利這個立法例的優點，是可以規避修憲的程序，因為對具有宗教及良知之理由之役男，將其編入「勤務」單位，即可滿足役男「不執武器」及「不殺人」、「不行使暴力」之理念；同時「勤務役」亦屬兵役，役男並受軍法拘束。

同時「勤務役」比「戰鬥役」長三個月，也可以制衡非真正具有「拒服兵役」理由的役男之作用。不過這種「勤務役」和「戰鬥役」役期差別現象，一直到一九七一年才廢止。其理由是因為「勤務役」也屬兵役，況且「勤務役」往往較服一般戰鬥役者需付出更大之體力——例如在軍醫院擔任看護工作，故引起朝野甚大反對，遂在一九七一年修改兵役法，將兩者役期改為一致。

在一九七四年三月六日，奧地利眾議院通過了「社會役法」法案，並在次年一月一日實施。本法案的立法理由，除了落實憲法規定人民享有良知及宗教自由，以及呼應歐洲各國的社會役立法潮流外，奧地利政府在「立法理由」之草案裡也對於行諸已近二十年之久的「勤務役」制度加以檢討。奧國政府指出這個「勤務役」已不敷時代所需，因為軍隊裡需要的勤務役役男極為有限，尤其是這些絕不執武器的役男往往被其他服戰鬥役之軍人所排斥、所輕視，所以無法融入軍隊生活之中，同時也無法產生袍澤感情。奧國軍隊及各軍事單位普遍認為此等役男無法提供最好的服務，反而是帶來內部管理的困難。這也是促成奧國政府廢止「勤務役」而採行廣泛社會役之原因。

二、社會役之制度

奧地利在一九七四年公布「社會役法」作為該國實施社會役之法源依據。該法律（以下稱「本法」）歷經九次重大之修

正（一九八〇、一九八六、一九九一），目前「本法」共有七十七個條文。依「本法」第二條之規定，意圖免服兵役而轉服社會役之役男應該檢具證明文件向社會役主管機關或各地兵役機關提出「拒服兵役之聲明」，由「社會役委員會」決定批准與否。**表3-1** 係奧地利近十年及齡兵役役男、社會役役男、申請轉服社會役者，及兵役役男及社會役役男之比例表。

由表3-1顯示出來，一九九二年奧地利經許可服社會役之役男高達八千人之多。這是因為奧地利在一九九一年修正的

表3-1　奧地利社會役役男比例表

年份	兵役役男	經批准轉服社會役之役男	申請轉服社會役人數	兵役役男和轉服社會役役男百分比
1981	56,217	2,826	4,041	5.02
1982	54,009	2,909	4,242	5.37
1983	51,885	2,897	4,090	5.58
1984	52,753	2,891	4,025	5.48
1985	51,964	2,171	3,442	4.18
1986	51,413	1,972	3,417	3.86
1987	49,122	2,241	3,367	4.56
1988	43,807	2,449	3,503	5.59
1989	42,783	2,385	3,547	5.57
1990	41,125	2,519	3,642	6.12
1991	38,757	3,148	4,573	8.12
1992	37,677	8,221	12,039	21.82

「本法」，將申請社會役的程序簡化，役男只要提出「良民證」
以及自傳等證明文件，並以書面聲明基於良知不願服執武器的
兵役，即可獲批准免服兵役，轉服社會役。易言之，社會役之
申請不進行「良知」事由存在與否的實質審查程序。故次年的
社會役申請人數即突升163％，達一萬二千餘人之多。但仍有
三分之一的申請人遭駁回，理由多是申請及證明文件不齊備所
致。依統計，至一九九二年十二月三十一日為止，奧國歷年來
社會役役男的總數已達五萬零七百九十八人之多。

　　奧國社會役役男應該在各種「非軍事」的社會服務機構內
服務。依「本法」第三條裡例示性的規定，役男應該在民防單
位，以及在醫療、急救、殘障人士服務機構、藥物毒品戒除、
難民營、流行病防護機構等機構內服務。在一九九二年又增加
了「促進交通安全」的服務範圍。對於役男服役之機構，是由
各省的省長負責認定，且由各機構向各省政府提出申請，批准
與否亦由省長為之。聯邦內政部長下轄的「顧問會」可提出建
議（評鑑）報告，但基本上決定一個機構適合接納社會役男與
否之權限是在各地方政府手中（參閱本法第四條五項）。目前
奧地利經認可的服務機構數目，在一九九一年一月總共有三百
九十二個機構，可提供社會役役男工作計四千二百九十五個；
至一九九二年十二月三十一日為止，共有四百三十二個機構獲
許可，提供五千四百五十個服務機會。由於社會役工作機會有
限，以一九九二年之資料顯示，該年共有八千二百二十一名役
男獲准服社會役，但該年度僅有五千四百五十個工作機會。所

表3-2　奧地利社會役男各服務項目統計表

服務項目及範圍	年　　　度					
	1990	%	1991	%	1992	%
醫療單位	138	5.7	137	5.1	211	6.7
急救服務（如紅十字）	1,317	54.2	1,446	54.6	1,662	52.5
其他社會及殘障服務，如：						
1.社會服務	296	12.2	357	13.3	412	13.0
2.殘障人士服務	491	20.2	529	19.7	603	19.0
3.農業服務	71	2.9	55	2.0	84	2.7
4.老人照料					24	0.8
5.病患照料					4	0.1
難民服務	25	1.0	32	1.2	47	1.5
天災及其他災難救助	65	2.7	85	3.2	96	3.0
其他民防工作	25	1.0	23	0.9	33	1.0
每年總計人數	2,428		2,684		3,176	

以半數以上的役男必須等待服役之機會，等待的時間可長達二年。據統計，九〇年至九二年三年來，社會役男服務最多的範圍是在「急救」單位，都超過50％。其具體統計參見表3-2。

　　依「本法」第九條之規定，役男對於服役機構只可以享有建議權（但並沒有享有選擇之權利），聯邦內政部長應將役男之願望列入指派之考慮。役男在服務機構服務時，應該受服務機構負責人之指揮，如有違反職務之情形，由各地行政官署處罰之，「本法」第八條及五十八條以下有處罰之規定。一九九

一年全年，平均發生曠職事件者占3.72％；一九九二年全年則占4.19％；至於產生較嚴重移送法院（依「本法」第十章處罰者），一九九二年及九三年共有一百件，比前二年減少48.72％，而其中屬於「不聽工作指揮」者，僅有十八件。故役男服役之紀律尚稱良好。

役男服役時，基本上由服務機構提供膳食及住宿，但這是針對離家庭較遠（行車超過二小時以上者，「本法」第二十七條）者，才有安排住宿之必要，否則可住在家裡。關於役男其他權利義務以及機構應提供之照顧設備，「本法」第二十七條以下都有詳細之規定，茲從略。

三、社會役之主管機關

奧地利社會役之最高主管官署是聯邦內政部長。在內政部內設立一個「社會役顧問會」（Zivildienstrat），這個顧問會的職掌為提供部長就社會役有關的法令（頒布行政命令）所需之專門知識，以及處理役男的申訴等事務而成立，所以是具有濃厚的法律幕僚之色彩。故其最主要的成員——主席及副主席——不僅皆須具備法官資格，甚且必須就實任法官中挑選擔任。此外，由顧問會各庭開議時，需由內政部代表精通法律者擔任引言人之規定（本法第四十七條），亦可看出本顧問會是屬於法律專業之委員會。實際上負責社會役之單位，是部長下屬的「社會役委員會」（Zivildienstkommission）。這個委員會主要任

務在於執行部長依「本法」所賦予之職權,例如決定役男服役之處所、役期的長短(八個月或十個月)……等等。在一九九二年以前,並沒有設立「顧問會」,而是把「社會役委員會」分成兩級,一級為「社會役委員會」,另一級乃上級之「社會役高等委員會」(Zivildienstoberkommission)。由後者名為「高等委員會」可知,其兩者有監督之關係。而且,「委員會」主席每兩年在二月十五日以前,應向「高等委員會」主席提出該委員會這兩年來之工作報告,而「高等委員會」主席亦應將此報告,連同對此報告之評語,附上本高等委員會兩年來之工作報告,一併在三月十五日前轉呈給內政部長,內政部長再於四月十五日前送交國會審查。所以可知「高等委員會」地位實居於委員會之上。但在一九九一年十月修正社會役法後,已將「高等委員會」制度廢除,同時,原本「高等委員會」職司之審查人民或役男對「委員會」處分不服所提起之訴願職權,新法(第五十五條 f)已改為由行政法院受理之。在一九九一年年底之前,高等委員會之成員如果任期未滿者,得轉赴「顧問會」擔任原本之職務(如主席等),直至任期屆滿為止。在一九九一年實施「二級」制的社會役委員會,其中「社會役委員會」共設有八個「庭」,「高等委員會」設有四個「庭」。對於各「庭」裡委員的組成及資格,和現行「本法」對於「顧問會」成員(「本法」第四十七條參照)幾乎一致。例如各庭都設有「主席」一名,這些「庭主席」及副主席如同「顧問會」的主席及副主席,都是由法官中選任;另外各「庭」設有一名內政

部代表，擔任引言或報告人；二名青年協會之代表；二名全國
商會及工會之代表……等等。依一九九一年年底之統計，委員
會（八個庭）共有成員二百零一人；高等委員會（四個庭）共
有成員五十九人。

　　由於一九九一年十月修改社會役法，把「高等委員會」撤
銷，未屆滿任期之委員皆轉到「顧問會」，所以實際上是將
「高等委員會」轉變為「顧問會」，故兩者之委員資格皆相差無
幾。惟對於「顧問會」的任務轉化為部長的法律幕僚，幾乎不
擔任執行社會役行政之任務。而殘餘的「社會役委員會」，則
仍擔負原來之執行性質之任務。但其委員的構成就偏向行政，
而非法律方面之人才。此由「本法」第五十四條 c 之規定，每
「庭」的組織裡每省可推派一人參加，並且「本法」五十五條
ⅰ並未準用「本法」第四十七條有關「顧問會」各庭的組織，
即可看出奧地利社會役委員會是採行「行政官」之組成模式。
故目前奧地利執行社會役職權者仍是以分成八個「庭」的社會
役委員會為主。

　　奧地利實施社會役約有二十年的歷史，其規模及服役人數
也是德國的十分之一，但是奧地利實施社會役著有成效，可能
跟其實施社會役的「法治化」有密切關係。奧地利的社會役法
立法相當嚴謹，由其條文的篇幅、周延，並不亞於鄰近之德
國。當然，以德、奧兩國歷史的淵源，法制的相同，奧地利許
多制度——如社會役顧問會——是參考德國制度，便極為明
顯。

第二節　荷蘭的社會役制度

　　荷蘭也是一個實施社會役頗有成效的國家。不過由於東西方冷戰的結束，也衝擊了荷蘭的兵役及社會役法制。目前荷蘭雖仍保留兵役及社會役的制度，但自從一九九六年三月二十五日徵召最後一批役男入伍後，已不再徵召兵役及社會役役男。下文所介紹者為九六年以前的荷蘭社會役制度。

一、申請轉服社會役之程序

　　早在一九二三年，荷蘭的兵役法已經規定役男如有良知之理由，可以申請轉服「後勤役」。到了二次大戰後所公布的荷蘭憲法第九十八條規定，任何國民基於「重大良知」都可以拒服兵役而轉服社會役。目前依該國社會役法之規定，社會役之申請有下列之程序：

　　第一，「重大良知」理由的認定。依荷蘭社會役法（COA）之規定，所謂「重大良知」是指役男個人有「堅強的信念」，認為自己不能勝任會使用暴力及武器之軍隊任務而言。因此，荷蘭認為拒服兵役的理由是該役男不能勝任「使用暴力」之任務，如果役男不能具備這種「認知」條件，即不能許可免服兵役。以一九九二年之資料，荷蘭每年約有八萬五千

名及齡役男，但限於荷蘭軍隊的編制，其中有四萬役男應徵服
兵役。而只有四千名係轉服社會役者。

　　第二，荷蘭國防部下設一個「拒服兵役事務局」，受理役
男拒服兵役、轉服社會役之事宜。役男必須提供一切證明文
件。

　　第三，役男在兵役體檢完成後，如果體格適服兵役，則役
男方可申請轉服社會役。如果體格不適服兵役者，即無轉服社
會役之必要。至於申請之時間並無限制。役男如已入伍服兵
役，或已退役具後備軍人身分，倘若將來仍可能獲召入伍者，
亦可申請轉為社會役，成為後備社會役。依荷蘭兵役法之規
定，役男在年滿三十五歲當年十月一日以前，或是後備軍官在
年滿四十五歲，士官在年滿四十歲當年的十月一日以前，都有
再行接受徵召入伍之義務。

　　第四，申請轉服社會役應附具詳細的理由。

　　第五，役男提出轉服社會役之申請後，任何涉及役男不應
召服兵役之刑事控訴皆可撤銷之。這是因為役男申請轉服社會
役時，其可否免服兵役已進入審查程序也。

二、社會役的申請程序

　　第一，荷蘭國防部長下設一個「顧問委員會」，負責調查
役男所提出「良知理由」是否存在。本委員會僅提供部長作決
策參考，並不影響部長本人之最後裁決權。如果役男的申請案

非首次提出者，部長得逕行決定。

　　第二，前述「顧問委員會」之成員由荷蘭國王（女王）指派之，由國防部外之人員組成之。其中應包括相當人數之宗教界、哲學界人士，亦應包括曾依良知為由而轉服社會役者以及其他社會服務團體之人士。一九九三年六月時，該委員會共有委員二十五人。

　　第三，國防部長在接到役男請求確認其「良知理由」，而轉服社會役之申請時，應將該申請書移給委員會。委員會指派一位委員負責本案之審查。該委員亦應和申請人個人進行面談。

　　第四，役男會收到委員會秘書所發予的面談通知。面談參加人員只限於役男、審查委員、委員會一位秘書及一位役男之顧問等為限。在面談後，審查委員應將面談情形報告部長。如果役男並未出席此面談會時，亦然。役男如不能如期參加此面談時，應報告委員會秘書，該秘書應另擇期通知役男再度面談。

　　第五，收到委員會提出的建議後，部長即可進行申請許可案的裁決。如果部長不批准該申請，則可要求委員會對該申請再作「複查」。申請人會收到一封「所請礙難照准」的信函、委員會建議之影本以及審查委員對面談情形所作之報告之影本等。

　　第六，委員會在作上述第五項的「複查」時，應收集更多的資訊以便能作更廣泛、全面性的審查。如果申請人要求聽取

心理問題專家或精神科醫師之建議時，這些資訊就應該要徵詢心理問題專家和精神科醫師之意見。

第七，申請人本人或其經書面委託之代理人，能於委員會完成「複查」程序後十四日內，向委員會秘書處調閱有關「複查」程序及內容之一切檔案。委員會主席亦得縮短上述十四日之期間。申請人亦得申請上述檔案之影本。申請人與心理問題專家或精神科醫師面談之報告，亦可索閱之。如果心理問題專家或精神科醫師反對出予該報告全文時，則可只予申請人該報告之大略。部長得對申請人索閱及索取檔案及資料的種類、數量及範圍加以限制。當該檔案及資料是經徵詢他人之意見所作成時，其應公布的範圍應由委員會予以規定，避免他人作不真實（黑函）的陳述。

第八，在「複查」時，申請人應再度有面談之機會。由三位審查委員主持面談會，申請人可攜同其顧問參加。如果其他人士欲參加此面談，應經委員會秘書向主席徵得許可。如果請求駁回，應告知申請人駁回理由。委員會如認為有必要時，得二度面談申請人。

三、部長之裁決

國防部長在獲得建議後，得批准申請人轉服社會役之申請，並免除申請人服兵役之義務。申請人即應該轉服社會役。該社會役應該不能包含有關軍隊的輔助勤務在內。

如經過「複查」程序後，國防部長認為申請人不能屬於具有重大良知之理由而轉服社會役，應駁回申請人之申請。申請人不以書面敘明拒服兵役之理由，或是拒絕出席「複查」委員會之面談時，亦可駁回其申請。該駁回申請應附以駁回理由並以掛號信函通知申請人，並附上審查委員會呈送給部長之建議以及面談紀錄之影本各一份。對部長之決定不服時，得起訴於樞密院（Privy Council）（相當我國之最高法院）。

申請人於收到國防部長駁回其申請之決定後三十日內得向樞密院起訴。本訴狀應附以不服之理由，並可能的話，以二份向位於海牙的樞密院行政訴訟庭提出之。在訴訟期間，如有關於服役之免除及延緩處分仍繼續有效。如果部長之決定被樞密院撤銷，部長必須依樞密院之意見，另為新的決定。

申請人應委員會面談通知以及與心理問題專家和精神科醫生面談，政府應給予旅費以及所支出之必要費用。

四、普通及特殊的社會役

役男經批准拒服兵役後，應轉服社會役。依「社會役法」之規定，此社會役計分為「普通」及「特殊」社會役兩種。凡是已批准可轉服社會役之役男，得不接受普通的新兵基本訓練，轉而接受普通社會役之基本訓練。凡不必服普通社會役者，應服特殊社會役，其資格另定之。但特殊社會役唯有在戰爭之時。

一般社會役之役期應比一般兵役為長。一般兵役為期十二個月，但普通社會役則為期十六個月。此因為一般服兵役者，經常會被點閱召集，故服兵役者的權益遭到更大之限制，故其役期即應比社會役為短不可。如果社會役之役男已曾部分服兵役時，在服兵役之時間應抵銷之。

服社會役之役男，由「聯邦社會事務及就業部」之「社會役局」負責召集服社會役。下列之役男係不必徵召服普通社會役而是服特殊社會役者：

1.已列為或將列為特殊社會役之役男者。

2.已服過社會役者。

3.不具備服兵役之能力者。

五、服役之規定

服役之地點。服社會役者應在各級政府機關以及在提供促進公共利益的機構內，履行服役之義務。茲述公共利益之機構，例如：

1.提供維持環境清潔或環境保護之機構。

2.教育及科學單位。

3.醫院。

4.博物館及學術單位。

5.醫療研究及實驗單位。

6.醫療及社會教育單位及擔任社會服務。

7.養老院及育幼院。

8.青年保護（中心）單位。

9.精神病院。

10.醫療復健中心及療養院。

各個服役工作的性質有相當程度的差異性。有的工作極為簡單，有的極為複雜及專業性，有的則極為吃重。服役者將儘可能依其所受之訓練、能力及專業來分發工作。

役男經批准轉服社會役後，將會收到一份說明書及問卷調查表，役男對於希望擔任之社會役以及希望延後徵召或免除徵召之意見，可以在此表格中表達之。役男之教育程度及工作經驗等資訊亦將登記在此表格之中。

經過半年之後，役男將至「聯邦社會事務及就業部」與「社會役局」一位主任（Directorate）面談。此面談對役男極為重要。任何問題皆可在此面談中討論。所有迄面談為止，已在該主任手中所獲得有關役男之資訊，皆可在此面談中加以更正。另外，關於將來服役的性質問題，亦將討論到。對於役男的學經歷及專長，以及所希望服務之地區以及工作之性質，都將予以記載，以便日後發出服役工作面談之通知時，可以列入考慮。由於工作職位的供需問題，役男可能被分配到其所不欲之工作，但役男仍須接受之。役男在服務以前所服務過之單

位，即使亦仍可作為接受替代役人員之單位，但該役男絕不可能會再派往此單位。這些資訊以及役男在服役期間所享的權利及義務問題，都會在面談中提及。

　　「聯邦社會事務及就業部」的「社會役局」主任，負責進行役男的工作安排。這個工作安排之程序耗時一至三個月不等。待有結果時，方通知役男。役男將再與工作單位之人事部門主任進行一次面談。交通旅費由「社會事務及就業部」支付之。經過面談後，該工作單位願意接納該役男時，役男將會收到服社會役之徵召。由於工作安排及面談之程序需要一些時間，故役男在接獲批准服社會役後，需經幾個月後，才開始服社會役。這種等待的時間損失，必須由役男承受之。

　　役男亦可以自行申請服役之機會。如果批准，將可享有迅速服役的優點。但為了避免這種自行申請服役機會所產生之誤會及錯誤，役男必須事先遵守下列規定，即：⑴役男先前所服務過的單位是絕不可能再接受其服役；⑵申請之單位必須是「社會服務及就業部」所認可接受社會役人員服務之單位；⑶申請之單位如接受役男之申請，必須事先決定接受服役之期限；⑷服役必須經過「社會服務及就業部」之「社會役局」主任的認可後，方得開始服役。

　　由前述可知，服社會役之役男是接受「聯邦社會事務及就業部」下的「社會役局」之管轄。一九九三年六月，該「局」內專職人員共有十一名。

六、服役之免除

　　如果役男係宗教團體之成員，或是就讀於該種團體者，得免除其服社會役。役男有下列之情形時，亦得免服「一般社會役」，而服「特別社會役」。

　　1.係負責一家之家計者。

　　2.個人無法分身服替代役者。

　　3.兄弟已有服兵役者。

　　4.其他特殊之情形。

　　上述幾種情形，可再敘述如下：

　　第一，所謂宗教團體的成員係指僧侶、神父、修士、牧師而言，應先予一年之免徵權。待一年過後，則變成永久免徵。如果該成員離開宗教團體後，該免徵權即消失。

　　第二，所謂負責一家之家計者，通常是指已結婚的役男，且必須賺錢撫養妻、兒者而言。有此情形之役男，通常先予一年之免徵權。待一年過後，如果役男仍是家計之維持者時，則變成永遠之免徵權利者。在此一年間，如果免徵的理由消失時，則免徵權亦消失之。原則上，若役男已獲服役之徵召後，即不可申請因負擔家計之免徵權。但在特殊之個案確有負擔家計之事實時，才可例外的許可之。

　　第三，所謂個人無法分身服役者，是指依法對於親屬或他

人有撫養及照顧義務的役男，因為服役後即無法履行該撫養及照顧義務時，即可以此理由申請免徵。在此情形，亦先予一年之免徵權，待一年過後，免徵理由仍未消失時，免徵即變成永遠性質。如果在一年內，免徵理由消失時，即可徵召服役。

第四，所謂「兄弟已服役者」，係指役男已經至少有二個兄弟已經履行服兵役（至少三十日以上），或是已經服社會役者而言。如果上述二兄弟中係有一人已申請緩徵（不論是兵役或社會役），或是有人在服兵役中死亡，或是有人已依「海軍商船服役」規定，轉服商船役時，都算入在此條款之內。如果役男有姊妹也是軍人時，視同服役之兄弟。依此規定申請免徵者，可獲永久之免徵權。

第五，所謂「其他特殊情形」，係指產生例如下列情形而言：

1. 已移民到歐洲國家之外，並意圖成為該國國民者。
2. 有重大個人及社會原因，例如役男的寡母需要役男來工作以支付年幼弟妹的教育及生活經費。
3. 役男的父親為國捐軀（陣亡），而寡母未再婚，且役男係獨子或長子時。
4. 依役男目前就業的情形，係該就業單位所絕對不可或缺，且提出證據證明者。

在依此條件提出免徵者，通常應給予某個附期限之免徵權，如果免徵理由持續有數年之久，則可變成給予永久之免徵

權利。

七、免徵之申請

役男如果申請免除徵集服社會役時，應分別向「聯邦社會事務及就業部部長」及役男戶籍所在地之城市的「市長」申請。但申請案由聯邦社會事務及就業部部長決定，並通知市長及役男本人。市長在收到部長之決定後十日內，將公告此決定。

對於部長所作免徵之決定有不服時，任何關係人皆可在決定公布十日內，附理由向市長提出申複。市長於收到不服書時，應立刻將全體資料送往海牙的「樞密院」中的「行政訴訟庭」審議之。

八、緩徵

聯邦社會事務及就業部長得給予役男緩徵令，例如因為就學而需要之緩徵。役男申請時，亦須以副本向戶籍所在地之市長提出之。對於後者的決定不服時，亦有提出救濟之可能。惟荷蘭的「社會役法」並未明文規定這種救濟方式，但役男仍可依一般的行政救濟規定，提出行政不服之申請，也就是役男必須在收到決定處分三十日內，向海牙的樞密院起訴。如果役男申請免徵或緩徵被駁回，而且顯然的，此駁回並未具備充分及

合法之理由時，役男可要求一個名為「服役法律協助基金會」的協助，該基金會可代表役男之利益出庭，進行訴訟。

九、服役時的法律地位

零用金：役男於徵召服社會役時，即有薪俸。薪俸是依陸、空軍之待遇支付。服役一開始後，「聯邦社會事務及就業部」的「社會役局」主任，即將薪俸匯入役男在銀行之帳戶。

依一九九二年四月之標準，一位服社會役役男的薪俸是比照服陸軍兵役，其金額如下：

（一荷幣＝約新台幣十元）

年齡	稅前	稅後（單身）	已婚（配偶無收入）
18	1,009	873.27	1,031.10
19	1,089	942.13	1,099.96
20	1,203	1,011.07	1,239.73
22	1,331	1,101.46	1,259.38
23	1,344	1,112.31	1,270.53

如果役男對親屬有撫養義務時，亦可申請給予特別的津貼。其細節在面談時都可討論。另外，市政府有關部門的秘書亦提供有關津貼申請規定之資訊。

基本上，役男將會被安排在離住處最近之工作單位，以便可以依舊住在家裡，如果役男必須遠離其原住所，而到國內其

他地方服役時，其住處可有二種選擇性：第一種是役男自行尋找住處。役男可透過住宿在親戚、朋友處解決住宿問題，但是必須獲得許可，以保證役男在搭乘公共或私人交通工具，可以在合理的時間內到達工作地點。這可在和聯邦社會事務及就業部的「主任」會談時討論之。第二種情形是由聯邦事務及就業部安排住宿，但由役男的零用金中扣除某些金額，作為宿舍之費用。如果在第一種情形，由役男個人解決住宿問題者，即不必扣除該金額。

如同服兵役者，如果由住宿地到服務單位需要搭乘公共交通工具時，服社會役之役男亦可獲得免費乘車卡，來使用該交通工具。

其他有關服役之規定，尚有：(1)放假及請假之規定；(2)在額外工作及加班時，可支領加班費；(3)依勞保規定，享受勞保。這些規定基本上都和服兵役役男所享受的一樣。

第三節　法國的社會役制度

法國在一九九七年決定改採募兵制。但逐步實施，至二〇〇二年完全改採募兵制。在此過渡時間內對徵兵雖仍實施，但已不十分嚴格。許多青年可申請緩徵。同時社會役也廢止。但法國實行社會役也頗有成效，值得參考。

法國統一規範人民服兵役及其他社會役的法律依據，是一

九七一年六月十日公布的第七十一號法律，稱為「國家服役法」
（Code du Service nationale，以下簡稱「本法」）。在「本法」
內，法國將及齡役男應該服的「國家役」統一規範。依此法
律，法國役男應該履行之服役義務計分成：⑴兵役；⑵保防
役；⑶警察役；⑷國防科技役；⑸技術協助或合作役；以及⑹
社會役等六種。這些制度經「本法」公布後，在一九七二年九
月二日起開始生效並實行，一九八三年七月八日公布的第八十
三號法律曾經在內容上進行相當程度的修正後，延用至今。

　　法國役男年滿十八歲以後即應入伍服兵役，這是屬於一般
之義務，其役期為十個月。如果服兵役前，擔任商船水手職務
者，即應服海軍兵種。在和平時期，役男只可在歐洲服役；除
非獲得役男本人同意，不得被調派到歐洲以外之地區，或是海
外法國屬地之軍事機構內服役（本法第七十條）。服兵役之役
男應接受命令，履行任何任務。但對於履行「非軍事性」之任
務，例如民防、社會服務及維持公安的警察任務等，參加人數
不能超過所屬部隊人數15％之限制。這是法國制度希望軍隊
任務不會「稀釋」成「反客為主」（本法第七十五條）。服兵役
應該連續服役，一九八三年的「新法」廢止了「舊法」因試驗
性質實施的「分段服役」之可能性。

　　役男如不願服兵役，可提出申請加入各地的「保防大隊」
（corps de defense）來服「保防役」（service de defense）。這種
保防役並非由軍方指揮，而是屬於保護公安的治安機關所指
揮，但役男準用軍人之紀律規章。役男可以被派到行政機關或

民間企業機構裡服役，但須接受機構負責人之指揮。服保防役之役期可比兵役為長（本法第九十二條），但目前仍是比照兵役，服十個月。

役男轉服國家警察役者，依一九八五年八月七日公布關於警察制度現代化的法律（第五條）裡，規定轉服警察役的役男，人數不能超過全部警察人員人數的10％，避免影響法國人民的就業權利。服警察役的役期和兵役一樣，為十個月。

役男如果有科技專長者，得選擇「國防科技役」，經批准者可進入軍方的實驗室服務，役期較在其他一般之野戰部隊服役多兩個月，共是十二個月；或役男在軍事單位裡擔任醫生、藥劑師、獸醫及生物、生化研究員之職務者，比照「國防科技役」，役期為十二個月。

役男若是有其他科技或社會科學的專門知識，願意赴海外法國屬地或是在國內的企業從事「科技協助」者，可申請履行服「技術協助或合作役」（service de laide techniqueet service de la cooperation）。這是由政府各個部會依其協助開發海外屬地，或提升國內重要企業之技術能力所徵召之役男服役之特殊形式。服這種役別之青年，應服役十六個月，但目前實際上是服十四個月至十五個月不等。役男在服役時，受所指派之部會指揮監督，並應聽所派往企業、機構之指揮。紀律規則準用軍法。役男不得參與工會及政治活動，派往海外之役男不得有影響法國及當地國邦交之行為。

役男如果主張基於良知之理由，不能履行持武器的軍事任

務時，可以申請轉服「社會役」（service des objecteurs de conscience）。役男在收到徵兵令三十日內，應提出轉服社會役之申請書，敘明自己基於良知，不能執武器的理由，由兵役機關轉呈國防部長。在一九八三年以前，國防部長下設一個委員會，聘請最高法院之法官及國會議員參與審查役男申請轉役的「理由」成立與否之制度，已經取消。固然，以往的制度較嚴格，申請人須仔細敘明自己「良知」的存在是基於「信仰」之因素，但現行制度僅須敘明「動機」即可，故審核已流於形式化，故由國防部長裁決即可。對於部長裁決不服者，可向所屬行政法院提起訴訟，對於法院之判決，不得不服。服社會役之役男，其役期是兵役的二倍計算，即二十個月。役男服社會役的過程中，得隨時請求轉入軍隊服兵役，已服社會役之期間可折半抵入服兵役之役期。

　　服社會役之役男應至促進公共福利、人道的公私立機構內服役。哪些機構才適合接受社會役役男的資格，由國民議會（國會）以法律定之。役男服役之紀律懲處，係由國家「社會及就業部長」（ministre des Affaires sociales et delemploi et pourront etrelavertissement）職掌，對於不假外出、輕微不履行職務者，可處以二日至五日之禁足處分。但社會役役男如果涉及逃役、嚴重之抗命等，則比照兵役役男依軍法處罰。役男在服役時，亦不能罷工、參與工會或其他政治活動。

　　社會役之役男應該接受所指派非軍事之任務，但是社會役之工作並非沒有危險。尤其在戰時，役男可能被指派擔任營救

平民或軍人之任務，對於這些具有公共利益及捍衛國家利益，
且具有危險性質之任務，役男必須接受之。

　　由法國的制度可以看出，法國替代役制度設計頗為完善，
尤其是法國將兵役和替代役完全由一個統一的法律——「國家
服役法」——加以規定，更可看出法國對各個「國家役」同樣
承認其價值及重要性之處。同樣的，法國對社會役制度並不比
其他替代役來得重視，這是法國重視各替代役，而不偏重社會
役的一個現象，也是歐洲各國普遍重視社會役的一個例外。

第四節　比利時的社會役制度

　　在一九九四年比利時通過廢止兵役制度的法律，改為募兵
制，並且同步廢止社會役。但比國實施社會役長達三十年之
久，其制度亦有加以敘述之價值。

　　第一，比利時在一九六四年開始通過社會役法，並以五年
為期，作為準備實施的過渡期。一九六九年實施社會役之制
度。這個制度及法律迭有更易。目前在比利時所實施的制度，
是依一九八〇年二月二十日公布「社會役法」所實施，共有三
十六個條文。根據本法（第一條）之規定，役男可以基於良
知，而申請轉服「非武裝」（後勤役）之兵役，或社會役。此
外，比利時役男亦可轉服警察役，而可免服兵役。服警察役
者，其役期則為四年。服一般兵役者，其役期為十一個月，若

在德國境內服兵役者（北約部隊）則減少兩個月。役男如果服「後勤役」兵役，役期和一般兵役相同；如果服社會役者，則區分為：(1)在民防單位、醫療、養老院及殘障院服役者，役期為十五個月；(2)在社會、文化等機構服役者，役期為二十四個月。

　　第二，役男申請轉服社會役或後勤役應提出申請書，敘明理由，向辦理兵役之地方機構（鄉、市政府）提出之。受理機關在一個月內應將申請書送交內政部長。

　　國家進入戰爭時期，役男不得申請轉服社會役。

　　第三，內政部長在收到申請書一個月內應作准駁之決定。如果內政部長不為批准之決定，應將全案移送「社會役委員會」裁決。本委員會由一位法官（主席）、一位律師及一位司法部之官員所組成。經司法部長提名後，由國王任命之，每位委員各有幾位代理人，亦由國王任命之。委員會內另設置一名秘書，兼擔當報告人職務，由司法部長任命之。

　　委員會由主席主持，對外公開。役男可出席聽證會，至少在七天以前收到出席通知，並且在四天前應可查閱所有檔案資料（本法第六條）。役男無故不出席聽證會，委員會得逕行裁決。役男在委員會作出裁決前已入伍者，不能拒絕履行兵役，但只能拒服「武裝」兵役而已。亦即軍事機關應將役男調至後勤及文書等後勤單位服勤（第六條）。

　　委員會在收到全部資料，或役男出席聽證會後兩個月內作出裁決。但如有其他法定理由時，不受此限。此裁決應公布

之，並在十五天內通知役男、各省省長（省政府）及所管軍管
區司令。

第四，對於委員會之裁決不服者（役男及內政部長），應
在收到裁決書十五日內，向「社會役上訴委員會」提出訴願。
本「上訴委員會」由三位成員：一位上訴法院之庭長法官擔任
主席，一位上訴法院登錄至少三年的律師及一位司法部官員組
成。人選由司法部提名，國王任命之。每人各有代理人數名，
一併由國王任命之。上訴委員會之秘書（兼報告人）由司法部
長指派一位司法部之官員擔任之。本上訴委員會會議進行程序
和社會役委員會相同。

第五，對於「上訴委員會」所作之裁定不服者，可上訴至
最高法院（本法第十條）。對於最高法院所作之判決，不得聲
明不服。役男申請轉服替代役遭確定駁回後，應該即刻入伍。

第六，服替代役者應該和服一般兵役之役男一樣，享有同
樣之假期、薪津、津貼（第十八條）。服社會役者在執行任務
過程中，因公遭到意外，國家應該比照軍人撫卹規定，予以撫
卹（第二十三條）。

第七，服社會役者，由內政部長指派至社會福利機構服
役。適合接受役男服役之機構，需符合下列條件：⑴係承擔的
是公共利益，例如醫療、老人及殘障保護之任務者；⑵屬於提
振社會或文化性質之工作者；⑶能夠估計出該役男工作依勞工
法所應支付薪資之時數，以及足堪管理役男執勤者（第二十一
條）。該適格之機構由內閣會議決定之，監督機關則為內政

部。

　　第八，服社會役之役男薪餉比照一般兵役之役男。其中每月由服務機構支領的費用不能超過三千比利時法郎，其餘才由國家支付。

　　第九，比利時對於社會役的罰則極為周詳，例如：服社會役之役男拒絕履行所指派之任務者，可處兩個月以上、兩年以下之拘役或有期徒刑（本法第三十一條）；役男故意毀損、盜賣因職務所擁有、保管之物資者，處八日以上、半年以下之拘役（第三十二條）；對前述物資，因疏忽而致毀滅者，處八日以上、一月以下之拘役，得併科二十六法郎以上、五百法郎以下之罰金；另外，為了達到「轉役」之目的，所為不實之陳述、證言，處八日以上、二年以下之拘役及有期徒刑；在和平時期，役男有逃役之情形者，處二個月以上、二年以下之拘役或有期徒刑。但役男已有逃役前科，或已逃離國境，或與其他役男共謀逃役者，或逃役超過六個月者，罰則提高為三個月以上、三年以下之拘役或有期徒刑。役男在戰時不接受應召或服勤務者（三十三條），處二年以上、五年以下之有期徒刑。由這些條文可知，比利時對社會役之罰則是相當嚴厲。

第五節 芬蘭的社會役制度

一、歷史

芬蘭實施兵役替代役——社會役已經超過半世紀的歷史。早在一九二二年公布的兵役法中，已經許可基於宗教和道德良知理由之役男，得經過提出申請、審查後，編入軍隊裡「非武裝」後勤役之單位。一九三一年以後，後勤役男才可以在軍隊以外的單位服役，其役期比兵役多八個月。

在第二次世界大戰爆發後，所有役男皆必須入伍服兵役，並沒有服社會役，或是服「後勤役」之可能。在此期間，共有約三百名役男基於良知而拒絕入伍，而被關入勞改隊、集中營或監獄中，一些人（包括二〇年代主倡社會役先驅的 Arndt Pekurinen）甚至被強迫入伍抗命而未經審判就遭槍決。大戰期間共有一萬名軍人犯有各種程度的抗命行為。在一九四一年秋天，芬蘭軍隊（和德國軍隊同盟）越過芬蘇邊界向蘇聯進攻時，也傳出役男認為此舉已侵犯了「不侵略他國」的宗教及道德理念，而集體嘩變及抗命，並受到軍法審判之事件，故在戰後，社會役的立法便積極進行。

一九五九年的立法規定不願服兵役之役男仍須在軍事單位

裡擔任非武裝之後勤職務。役期較一般兵役長一百九十天。國防部有決定役男申請轉服後勤役之全權。國防部長下轄一個「審查委員會」，負責審查役男轉役申請的理由充不充分。由於本委員會十分嚴苛及刁難，一九六九年發生著名的「須樂事件」（Schueller affair），有兩百名申請轉服後勤役被駁回（以一位名為須樂的青年為首）後，拒絕入伍而遭法院起訴。一九七二年芬蘭始將此「審查委員會」由國防部移往法務部；在一九七三年，進一步將主掌社會役之工作，由國防部轉往勞工部。由勞工部負責社會役之制度，適用至今。

　　一九七〇年以後，由於申請轉服社會役之役男，由以往每年三百名左右，突增到千名左右，引起國防部的緊張，擔心兵源的不夠。因此一九七九年國防部遂成立「林拉曼工作小組」（Linaman Working Group），以一位名為林拉曼的官員為主席，致力將社會役之工作融入國防體系之內，讓社會役役男之人力能轉為國防之用。這個工作小組在一九八〇年提出研究報告，認為社會役之工作應該只限於在消防隊和急救中心內服務，如此即可將社會役劃入民防體系，也是變成整體國防體制之一部。國防部這種提議自然引起芬蘭和平運動及一些朝野黨派的反對。一九八〇年四月，由勞工部出面召集一個跨部會的研究小組，由法務部監獄司長朗格擔任主席，故名為「朗格工作小組」（Lang Working Group），這個小組經過一年的研究後，提出建議：社會役之工作應完全擺脫軍事色彩，並在軍事以外之機構服役；役男不能用軍法之規範，避免社會役流入「軍事化」

之嫌。但是，本提議並沒有受到政府之重視。一九八四年舉行
「四部長聯席會議」，國防部長、勞工部長、法務部長及社會健
康部長等定期聚會研究新的社會役法之立法方向。一九八五年
六月國會通過新的社會役法草案。本法預定暫時實施六年（由
一九八七年至一九九二年），規定廢止役男申請轉役之審查制
度；採行「林拉曼工作小組」之建議，役男主要是在急救中心
及消防隊服務；役期由十二個月至十六個月不等，皆較兵役長
三分之一左右。勞工部仍是社會役的主管機關，但勞工部長下
設一個「顧問委員會」協助部長指揮監督社會役的推行。這個
委員會的成員由各個部會代表參加，主席人選由勞工部官員出
任，副主席則由國防部官員出任。一九九二年一月一日，芬蘭
再實施新修正的社會役法修正案（一九九一年一七二三號法
案），對於一九八五年公布的舊法再作局部修正，在組織方面
並沒有太多的更動，只是在役男役期方面加以縮短而已。

二、芬蘭現行社會役之制度

　　第一，芬蘭的役男唯有在和平時才可以申請轉服社會役，
在戰時則不實施此制度。
　　第二，社會役之役期為三百九十五日，一年分四期入伍。
而兵役之役期為六個月，技術兵種為九個月，如為士官役則為
一年。役男如選擇後勤役，役期為三百三十日。
　　第三，社會役應在政府審查合格的社會役機構服役。目前

全國共有超過四百個機構，包括中央或地方機構、國營事業、教會、其他非營利之公共團體等。另外急救中心及消防隊亦可接受役男之服役。

第四，役男在收到徵兵令後，可隨時提出轉役之申請。申請書可向役政機關、全國八個軍區司令官及勞工部提出之。如果已應徵入伍，則亦可向旅長提出。所有申請書應交到戶籍地之軍區司令部參謀長，作形式上的審核。役男只要提出申請書後，即可自部隊退伍。但役男願意留在部隊等待通知，亦可留在軍隊。役男一旦轉服社會役即不能再申請回到軍隊服役。

第五，役男之服社會役者，可自行找服務機構；但以前曾服務過的機構，不得許可之。如果役男無法找到合適機構時，訓練中心或勞工部可代為安排。同時，由訓練中心代為安排服務機構時，會經過雙方之面談程序，同時也會尊重役男之意願及個人因素（如語言背景）。

第六，役男在開始至機構服役之前，會至社會役訓練中心受訓，為期四十日訓練分成一般訓練及專業訓練，各為二十日。一般訓練課程包括社會役制度之目的、國家社會及國防政策、國際政治、社會學、急救智識及體能訓練等。專業訓練則屬於醫療、急救及辦公室之文書處理等日後實用之技能。

第七，役男的服務機構應該提供役男住宿及膳飲。住宿的條件及膳飲（包括每餐應有湯、主食及甜點）都有法定之標準，由行政命令加以規定。如果服務機構不能提供住宿，則須給付房租津貼，每日二百七十五元芬幣；如果沒提供膳食，一

日的誤餐費是五十三元芬幣，一餐則為三十元芬幣。役男亦可
選擇住在家中，但不能申請房租津貼。役男每月之薪俸比照服
兵役役男之標準，由服務機構支付。每日支薪十九元；服役超
過二百四十日以後，每日支付十九‧五元。服役期滿時，可支
領退伍金三百元，由國家福利及衛生署給予之。

　　第八，役男服役時應接受服務機構負責人之指揮。對於紀
律處罰由勞工部為之。役男違規之處罰，依其輕重可由警告、
加班處罰（每天不超過四小時，最多五天）至禁足（最長達三
十天）。對於紀律處罰不服者，可向行政法院提起訴訟。至於
嚴重的違法行為，例如逃役、抗命等等，可移送法院。通常是
處以監禁。其刑度依所餘役期二分之一計算，最長不超過一百
九十七日。

　　第九，近年來芬蘭役男申請服社會役之人數約占全部及齡
役男3％至5％（一九九二年未計入）。其人數統計參見**表3-3**。

表3-3　近年來芬蘭役男申請服社會役之人數比例

年度	人數	年度	人數	年度	人數
1979	738	1984	603	1989	834
1980	838	1985	588	1990	685
1981	819	1986	563	1991	1,052
1982	788	1987	821	1992	1,899
1983	790	1988	635		

* 一九九二年人數突增，係波斯灣戰爭的影響。這種情形也反映在德國
　及奧地利。

第十，芬蘭的制度和德國十分類似，尤其關於役男的權利
——包括住宿環境、交通旅費（免費乘車）……等等，可知芬
蘭實施社會役制度受到德國制度相當大之影響。

第六節 義大利的社會役制度

一、實施社會役之歷史

義大利在一九六〇年代開始，由天主教教士開始發動及討
論兵役替代役的制度問題。在六〇年代，一位年輕的教士
Giuseppe Gozzini 拒絕服兵役，因為他認為核子戰爭是一個不
義的戰爭，不合乎基督教教義，所以任何一位基督教（及天主
教）教徒，不僅應該拒絕參與戰爭，反而要進一步的「逃避」
戰爭。Gozzini 的拒服兵役行為後來經過軍事審判、定罪，義
大利朝野開始熱烈討論替代役之可行性。一九六五年，一群退
伍之軍中神父在佛羅倫斯集會，通過決議要求政府實施社會
役。在民間及教會的強力呼籲下，義大利國會終於在一九七二
年十二月十五日通過「替代役法」（以下簡稱「本法」），施行
至今。「本法」共有十三條，內容也簡單，許多規定也不合乎
要求，故義大利上議院在一九九〇年七月二十六日通過一份修
法之決議，送下議院審議，不過，由於義大利政潮洶湧，政爭

一直不斷，所以國會下議院修法工作迄今仍未完成（本法及修法之決議，參見附錄）。

二、制度實施之簡介

　　義大利替代役之特色，是將所謂的「替代役」分成兩種：一種是「非武裝兵役」（即後勤役）；另一種是「社會役」。現分別說明如下。

　　所謂的「非武裝兵役」（後勤役），僅指役男到軍事機構或軍事單位擔任後勤、文書等等，擔任不必持武器之職務。役男在此範圍仍屬軍人身分，只不過不參加戰鬥職務罷了。義大利把「後勤役」和社會役都列為「替代役」，較歐洲各國的替代役範圍為窄，其實義大利也有類似歐洲範圍更廣的替代役，也就是所謂的「非軍事之服役」，是指役男不服兵役及後勤役，而轉服警察、海關、監獄看守及消防員等勤務。在服這種勤務的役男，待遇與役期即完全比照服一般兵役之役男。至於名副其實的替代役、社會役制度，是到軍事機關以外的機構去服役。依義大利之制度，役男要求拒服兵役而轉服社會役或後勤役者，必須提出申請，說明「良知」的理由何在。義大利「本法」裡規定服替代役者，其役期較一般兵役長八個月（第五條），故義大利一般兵役本來是為期一年，服社會役及後勤役者，即為二十個月。但義大利的憲法法院在一九九〇年年底曾作出一個判決，判定替代役役期較一般兵役長八個月是違反憲

法所保障的「平等權」，所以自一九九一年起，義大利服替代
役的役期即改為一年。不過上議院在修改本法的決議，仍然建
議替代役應較兵役長三個月。除此之外，所有役男的待遇皆一
樣。目前兵役及社會役役期皆已經縮短到十個月。目前每位役
男的每日薪餉為五千里拉；放假、紀律處罰等都沒有差別。關
於義大利自一九七二年實施替代役二十年來，提出申請轉役、
經批准……等之統計數字，可參考**表3-4**。

　　由表3-4顯示出來，義大利歷年對於社會役之批准占極大
之比例。所以對役男提出的申請，多半只就形式上而為認定；
國防部長及所屬之社會役委員會並不作「良知理由」的實質審
查。而每年經批准服社會役人數和當年實際服役人數有將近一
半的差額，也顯示出「僧多粥少」之情形，目前每位役男至少
要等待一年以上，才會獲得職務之安排。

　　役男經批准服社會役者，依一九九二年之統計，其中分派
到各級醫院及醫療單位者，占57.8％；至一般社會性服務機構
者，占32.6％；從事森林保護及環保者，占8.9％；至民防機
構者，占0.7％。

　　役男服社會役是經國防部長之指定，故役男並沒有請求
權。役男服社會役既由國防部統一分派工作，以國防部並不熟
諳之社會性業務為主，所以在八〇年代曾發生二位醫學院畢
業，具有麻醉學科專長的役男，竟被分派到博物館協助館藏銅
器的保養工作，而引起輿論抨擊的新聞。所以修法的決議裡也
增列（第三條）役男的工作性質之請求權利。

表3-4　義大利近年來申請服社會役之情況

年度	申請人數	批准人數	駁回	駁回比率	當年服替代役人數	工作機構數目
1972	—	—	—	—	—	—
1973	200	99	44	22 %	—	—
1974	400	216	3	0.75 %	—	15
1975	500	232	4	0.8 %	—	32
1976	900	624	4	0.5 %	500	66
1977	1,100	764	26	2.3 %	512	141
1978	1,500	1,029	74	5 %	683	196
1979	2,000	1,690	79	4 %	950	297
1980	4,000	2,312	63	1.5 %	1,250	395
1981	7,000	2,399	160	2.3 %	1,875	540
1982	6,917	3,853	232	3.4 %	2,023	678
1983	7,557	11,359	978	13 %	6,011	719
1984	9,033	7,847	803	8.8 %	8,050	923
1985	7,430	9,033	520	7 %	6,306	1,151
1986	4,282	6,135	548	13 %	8,413	1,410
1987	4,986	4,709	84	1.7 %	8,170	1,538
1988	5,697	5,979	114	2 %	5,188	1,584
1989	13,746	6,019	112	0.8 %	5,948	1,530
1990	16,767	13,992	260	1.5 %	9,595	1,528
1991	18,254	20,100	410	2.2 %	13,869	1,703

三、主管機關的特色———國防部管轄

義大利社會役的主管機構是國防部。國防部長是決定社會役事務的最高官署。至於國防部長下隸屬的委員會,則是扮演提供諮詢角色之任務。國防部作為擔任實施及主管兵役替代役之主管機構,最多只能在「後勤役」部分顯出優點,對於屬於社會性質的社會役,由國防部來決定役男工作的指派及監督,就顯得力不從心。所以義大利的修法決議,便建議應將社會役主管機關加以「移位」,國防部仍設一個社會役委員會,負責批駁轉役之申請。此外,在總理下增設一個「社會役署」,負責社會役役男之分派、監督及服役機構的認定等之事宜。此外,這個「社會役署」也負責役男職前訓練之工作,此也是義大利社會役制度目前所欠缺者。

義大利所實施的替代役是以軍事管理為本,所以本法所定之處罰規定是比照軍刑法,故極為嚴格。而服社會役之役男雖在公、私立的醫療及社會服務機構裡服務,服務機構負有指揮及管理之責任,役男如有曠職或不服從之行為,服務機構應報告各地之役政機關,轉送國防部議處。關於役男之住宿,義大利國防部之政策是以集中住宿,即住於服務機構內為主,以便於管理,故不希望役男住在家中,義大利接受役男服役的機構,民間最大的是天主教會及Caritas救濟總會(共有二千五百個役男服役),這些大機構——如同德國——都易於提供役男

住宿之設備。關於義大利社會役法及將來修正方向之草案，請
參閱本書最後附錄。

第七節　葡萄牙的社會役制度

　　第一，葡萄牙憲法第四十一條六項規定，役男基於良知理
由可以拒服兵役。同法第二七六條也進一步規定這個拒服兵役
者應轉服同樣長度役期之社會役。

　　第二，葡萄牙國會在一九九二年五月十二日公布了「九二
年第七號法律」——即「社會役法」——作為實施社會役之母
法。本法主要是參考德國一九八三年二月二十八日修正以後之
社會役法，並對以往二個舊法（一九八五年、一九八八年）加
以修正。

　　第三，依「本法」第二條規定，役男基於宗教、道德觀、
人道主義以及哲學觀之理由，可以拒服兵役，轉服社會役。

　　第四，役男必須向「國家社會役委員會」提出申請，經其
批准後，才轉服社會役。本委員會雖然會進行審查，但多半是
形式性質。因此，像葡萄牙以往依一九八五年五月四日公布的
「第六號法律」，拒服兵役者必須經冗長、嚴苛以及極為難堪的
審查過程，最後並須經法院判決後，才可免服兵役之情形，即
告終止。

　　第五，社會役的工作範圍，依「本法」第四條二項規定，

計有十四項之多，計有醫療、環保、天災疾病防治、火災、海難、殘廢及老年、幼童同胞服務、公園及古蹟、文化提升等等。因此可以說是範圍相當廣泛。這個「列舉」式的規定，是仿效奧地利之制度。

第六，葡萄牙本來一般兵役是八個月，社會役則為十一個月。雖然葡萄牙憲法（第二七六條）規定兩者之役期應該一致，但是由「本法」（第五條二項、三項）之規定可知，社會役役期多出的三個月係作為「期前訓練」之用。此「期前訓練」分成「一般訓練」及「專業訓練」，使得役男服役的智識能夠符合其任務。一九九三年一月開始，葡萄牙政府縮短兵役之役期。即服空軍兵役四個月，海軍兵役十個月，陸軍兵役七個月。社會役的役期則比照陸軍兵役，為七個月。連同三個月之「期前訓練」，共達十個月。不過，近年來已縮短，目前已只有七個月，和服陸軍役一樣。

第七，社會役役男服役之地點，並沒有類似德國或西班牙等，採行「迴避」之制度。目前全葡共有八百名役男服役。

第八，葡萄牙社會役的主管機關，分成決策單位及執行單位。屬於決策單位的是「國家社會役委員會」（CNOC），共有委員（連同主席）三人。其中，由「高等司法委員會」（似相當於我國之司法院）指派專職之法官一人（多半是最高法院之法官），擔任主席。另外，由「最高檢察機關」（原文為「維護司法之最高機關，故其意義，似應該是相當於我國之法務部」）指派一名學有專精之人士，擔任委員。另外，第三個委員，則

是由「社會役署署長」擔任。

　　第九，葡萄牙社會役工作，主要是由「社會役署」（Gabinete do Servico Civico dos Objectores de Consciencin, GSCOC）來執行。本「署」設署長一人。依本「署」組織法之規定，本署應有三十二個人之編制，但是迄一九九三年五月，只有十五個人員。本「署」是和「國家社會役委員會」合署辦公，地點設在里斯本。但是，除了提供該「委員會」一切行政、後勤、資訊及幕僚支援外，本「署」並非該「委員會」之下屬機關，這由本「署」署長是該「委員會」之當然成員即可得知。本「署」屬於行政機關，受聯邦政府之指揮，故相當我國獨立之「署」（如衛生署）。而「委員會」則為獨立之機構，僅受國會之監督。

　　第十，對於役男不依法履行義務，本法定有相當嚴格之處罰（二年以下有期徒刑），如在緊急徵召動員時期，可處以半年以上、三年以下之有期徒刑，且不可易科罰金（見本法第三十三條），故係採行嚴格的紀律制度。

　　第十一，葡萄牙的社會役法立法係受到德國法制相當大之影響，該國在立法前曾數次赴德國考察。此外，也參考荷蘭社會役之相關制度。

第八節　西班牙的社會役制度

西班牙在一九八三年即開始實施社會役。其情形約如下：

第一，任何役男可以依據宗教及良知等理由，申請改服社會役。申請人必須以書面敘明理由，並附上證明。

第二，申請案必須經過主管機關之聽證後，才加以准駁。主管機關有權予以駁回。主管機關是「拒服兵役之社會役署」（oficina para la Prestacion Sociale de los Objetoresde Conciencia），隸屬於聯邦司法部之下。

第三，役男經批准轉服社會役後，經指定到環境保護、社會服務等公益機構服務。其期間亦隨兵役期間的改變而迭有變更。依一九九一年十二月二十日頒布的新的第十三號「組織法」（ley Organica）第二十四條規定，西班牙役男須服兵役之期間為九個月。而同法補充規定第十三條則規定役男轉服社會役為十三個月；在一九九〇年修正之舊法，兵役為十二個月，社會役則為十八個月；在一九九〇年之前（例如一九八三年），兵役為十五個月，社會役則為三十六個月。可見得社會役之期間至少比兵役多一半以上。

第四，同法也規定，役男如果不服兵役及社會役，可改服警察役。在各種警察機關（中央及地方警察單位）服務五年後，即可免服兵役及社會役之義務。

　　第五，役男服社會役有所謂的「地區迴避」制，役男不得在家庭所在之省份服役，必須到另一個省份服役。

第九節　捷克的社會役制度

一、歷史

　　捷克在一九八九年改變共產體制實行民主政治以前，曾經有三次研擬社會役法的嘗試，分別是在一九六五年、一九七〇年及一九八八年。這三次的立法努力，皆因國防部的反對而胎死腹中。捷克國防部當時反對的主要理由是擔心造成兵源短缺。由於當時共產政權對國防考慮的優先性，故社會役的立法皆不能成功。直至一九九〇年十二月通過第七十三號法律才開始實施。本法律在一九九一年十二月通過修正案。在一九九三年一月起，捷克分成捷克共和國及斯洛伐克共和國，但這兩國仍然延用一九九一年通過的社會役法（以下簡稱「本法」）。

二、社會役之主管機關

　　依據「本法」第二條五項之規定，社會役的主管機關由聯邦政府指定之。目前捷克共和國主管社會役之部會是聯邦「社

會及就業部」。在該「部」下有一個「就業政策司」(該司下設一個「科」負責社會役之執行)。

捷克該「社會役科」僅有科長一人，此外，並無其他人手協助。實際執行社會役之工作，是委由「社會就業部」在全國共分七十六個區（其中首都布拉格市分為十三個區）的官署中，分人手來承辦業務。故捷克社會役並沒有一個類似德國或奧地利等其他國家，有一個專屬的機關。聯邦政府係依賴社會役科科長定期召集全國各地負責社會役業務之人員，舉行協調會報，並由聯邦政府頒行各種內部規章來指揮各地之業務。

至於役男申請轉服社會役是向兵役機關提出申請。兵役機關在接到申請書後，亦只作形式上之審核，然後將全案轉到各地區之承辦社會役之官員，故審核權力係交由地方處理。在聯邦的社會役科只接受役男提出的申訴，並不負責批駁申請案。

捷克聯邦政府中另有一個「教育、青年及體育部」，但是該「部」偏向管理及輔導在學青年，對社會役役男的分發及有關社會役事務，就不包括在該部之權責範圍之內，而由社會及就業部負責之。

三、社會役之實際實施情形

雖然「本法」規定役男必須基於良知或宗教理由，並且要附證據，才可申請免服兵役轉服社會役，但是鑑於實質「審核」極為困難並易生爭端，所以捷克目前是採取形式審核。只要役

男提出申請就照准，所以並沒有進行實質的審核，法律「實質審查」之規定已形同具文。

　　服社會役之權利義務，於本法第五條一項規定對役男應保障其基本人權。不過，本法也規定（第一條五項），服社會役之役男不能比服兵役者享有更大之利益，所以捷克在此點上對服社會役之權利義務有較嚴苛之規定，其中包括：

1. 服役之役期，社會役較服兵役者長一半。一般兵役役期為一年，社會役則為一年六個月。由於服兵役役期較短，故捷克全國共十五萬的國防軍中，一年服常備兵役者約五萬人，但服社會役者約五千人，兩種役男的比例是十比一。

2. 待遇方面，服社會役者原則上支付同如兵役之薪餉，但如社會役役男並沒有由服務機關負責食宿時，可支領代金。目前社會役役男之待遇如下：（金額：克朗，一克朗約等於〇‧八元台幣）

　　薪　餉：每月190克朗（同兵役役男）
　　衣服費：每月150克朗（以下兵役者無）
　　住宿費：每月420克朗
　　膳食費：每日50克朗

　　雖然本法第七條規定服務機構應該負責役男之宿舍，但因為各機構的住宿設備皆不足，故只有少數的機構（其中主要是

醫院）外，90％之役男皆住在家中，以通勤方式履行義務。

四、社會役服務之機構

社會役服務之機構主要是分為：⑴醫院；⑵社會服務機關（如養老院）；⑶環境保護，例如清潔隊及園藝方面；⑷其他公益機構，例如貧民收容所。

以一九九二年全年的統計，全年已安排之役男計九千零三十二人，在上述四種機構服務之人數，在⑴者為三千九百四十二人；⑵為一千三百四十七人；⑶為三千四百七十三人；⑷為二百七十人。

一九九二年全年申請服社會役人數為二萬八千六百一十人，其中九千零三十二人已安排，但仍有一萬九千四百七十四人等待安排。一般需等待一至二年之久。

五、社會役役男之服役機構

社會役役男指派到何服役機構，由主管機關決定，役男雖無需迴避到他鄉服役，但也無權利要求指派到某個機構服務。其派到服務機構後需受機構負責人之指揮，雖然本法（第五條）規定役男應服從命令，但本法亦僅規定如果役男不遵守命令（包括嚴重違規），其懲罰方式亦僅有「延長」服役之一途，且最長不能逾二週。但是實際上各機構皆不願意延長此種役男在

本機構，故幾乎沒有用此方式懲罰役男之例。另外，逃避服役者，依捷克刑法第二七二條Ｃ之規定，意圖逃役而傷害自己，以及不應徵召服役，或不完全履行服社會役者，可處以六個月至三年之徒刑。但迄今並沒有出現過一個依本規定處刑的案例。故該國社會役之科長曾經面告筆者，承認捷克社會役役男紀律之不彰也。

六、捷克社會役實施的主要困難是執行人手之不足

該國社會役主管人員坦承，由於財政力量之不足，所以無法成立一個專責機構，也無法有效監督各地社會役之工作，也無法對曠職及怠忽職守之役男進行有效之懲戒。捷克目前將派員赴外國——尤其是德國及奧國——去訪問，希望能引進該兩國的管理及行政制度於捷克之內。

第十節　匈牙利的社會役制度

匈牙利在開始政治民主化之前，並沒有實施社會役。所有役男都必須服兵役。違反者必須接受刑事制裁。但在一九八九年後才改變。依一九八九年第七十五號之「政府令」，正式實施社會役。

匈牙利實施社會役的法源是利用一九七六年制定的「國防

法」，用一九八九年的行政命令補充，將社會役列為兵役之例外，所以社會役是屬於廣義的兵役——國防役之一。故役男必須提出服社會役之申請，也必須舉出證明以釋明其基於「良知」或「宗教」理由之根據。申請及決定機關係當地的軍事司令官。這是匈牙利將社會役置於一種特殊「國防役」之表現。

匈牙利一般兵役之期間為十二個月（目前正擬議改為九個月），社會役本為二十二個月，但近年改為十八個月。

役男基於良知獲准不服兵役時，亦可有兩種選擇，一是入軍事機構服「勤務役」，即「非武裝」之任務，另一種則是純社會役。役男轉服社會役後，不必和軍事有關，而是可以在社會的醫療機構服務。所以，匈牙利的社會役不如他國的種類那麼繁多，而只是限於醫療單位一途。

匈牙利負責社會役的主管機關是國防部，而且社會役之實施並沒有一個完整的法律可資依據，更無專責之獨立部會，雖然此可歸因於匈牙利正致力國家體質之重建及經濟困境之克服，無暇注重社會役之制度。但該國宗教界、學界及政黨已多次呼籲從速建立妥當之社會役制度，不過政府尚缺乏積極之回應。故匈牙利的社會役制度仍停留在原始的起步階段。

第十一節　社會役制度在瑞士的發展

一、爭議近一世紀的老問題

　　依據瑞士憲法第十八條之規定，人民有服兵役之義務。但早在一九〇三年起，便有要求人民可以不服兵役而以社會役替代之呼聲。這個社會役制度卻一直到本世紀八〇年代才正式形成瑞士朝野所重視的問題。

　　由於引入社會役的制度涉及修改瑞士憲法有關人民服兵役之義務規定，本修憲也需經公民之複決，方可定案。為此瑞士在一九七七年與一九八四年分別舉行兩次公民複決投票，結果皆未能獲過半數票數之通過。社會役引進瑞士之舉，便胎死腹中。

　　隨著國民基於宗教與良知理由而拒服兵役，致被判刑入獄者日漸增多，社會上也逐漸產生「以社會役代替監獄」之呼聲。依據瑞士軍刑法（一九二七年六月十三日制定）第八十一條第二項之規定，對拒服兵役者得處半年以下有期徒刑（按瑞士一般徒期僅為十七週），因此拒服役而被處刑之刑度即顯然較重。**表3-5** 是瑞士近十年來，因拒服兵役而被判刑者之數據資料。

表3-5　瑞士近年來拒服兵役被判刑人數

年度	判刑役男人數	其中確實查有宗教及重大良知理由之實據者
1982	729	230
1983	745	228
1984	788	234
1985	686	143
1986	542	153
1987	601	169
1988	548	161
1989	534	151
1990	581	199
1991	475	212
1992	433	236
1993	409	268
1994	239	162
1995	256	177
1996	96	48

二、公民複決通過實施社會役

在一九九一年年中以前，瑞士拒服兵役遭判刑之役男已達四百七十五人，居近年來之冠。此時，同年六月二日，瑞士終於通過公民複決，同意聯邦議會所提出憲法第十八條第一項之憲法修正案。在一九九一年十二月三日正式公布的瑞士憲法第

十八條第一項之條文為：「瑞士人民皆有服兵役之義務，但得
依法律轉服社會替代役」。本條文再經一九九二年五月十七日
的公民複決，獲得通過。

　　瑞士因此正式在憲法層次肯定社會役的實施，但是這個修
憲案也必須靠立法者形諸法律明文後，社會役制度方可付諸實
現。由於本修憲案的通過以及公民複決的成立，只是表示出朝
野政黨及人民獲得引進社會役與「以社會役代替監獄」之一大
共識而已。但是，此「社會役法」之通過則必須靠著朝野政黨
對本制度之許多「小共識」而獲得解決不可。因此，瑞士遂於
一九九二年五月公民複決後不久，於聯邦政府內部成立一個跨
部會之委員會，研商本法之制定。本委員會主要是由「聯邦工
商及勞動部」及「國防部」之官員組成，而以Samuel
Werenfels氏擔任主席。這個委員會的工作宗旨極為明確：即是
在一九九五年以前將「社會役法」之草案加以完成，並且在一
九九三年要先研訂一個初步草案。由於瑞士大半地區是屬於德
語區，所以對於同語系德國之社會役制度較易了解。故瑞士在
研擬本法時相當程度的以德國為參考模式，而且曾在一九九二
年派遣一個五人小組到德國聯邦社會役總署訪問，並進行廣泛
的意見交換及收集資料。

三、社會役法的制定

　　瑞士國會終於在一九九五年十月六日公布了「聯邦社會役

法」，共有七十六個條文。並在一年後的一九九六年十月一日
起開始實施。大致上，瑞士是倣效德國的制度，以下是其特
點：

1. 要求服社會役的役男必須主張具有良知為理由，方可許
   可之。故採申請制，具備個人的聲明、自傳、拒絕服兵
   役的良知理由及證明、刑事記錄證明（良民證）等等，
   向主管機關提出之。

2. 主管機關為聯邦經濟及勞動部（Bundesamt für Wirtisc-
   haft und Arbeit）——即以前的聯邦工商及勞動部——中
   特設一個「署」級的單位「中央社會役署」（Zentra-
   llstelle Zivildienst）。本署審查該申請，如認為申請形式
   完備，會安排面試，否則逕自轉回。面試通過後即給予
   服社會役之處分。面談委員會由各省分區舉行，每次由
   三位委員主試。委員由各省政府經濟主管機關推薦公正
   人選，報給聯邦經濟部及勞動部任命。目前瑞士共聘請
   一百位口試委員，各行業的男女皆有，採無給職。每年
   大概工作十五天左右。

3. 申請服社會役未獲准者，得在收到通知三十日內向省經
   濟主管機關（部）的「招募局」提起訴願。訴願由專職
   的法律官員來裁決。如不服訴願決定，可以依法提起行
   政訴訟。

4. 社會役役男的法律地位和兵役一致，所有的權利義務都

相同。唯有役期,社會役役期多兵役二分之一,即兵役
為三百天,社會役為四百五十天。

5.社會役役男有遵守服務機關長官命令之義務。該長官得
下命授權他人行使之(第四十九條)。役男如違反紀
律,由主管機關施以紀律處分。紀律處分如書面申誡
外,另可處二千瑞士法朗以下之罰鍰(第六十八條)。

6.役男如故意不履行服役的義務,得處十八個月以下的徒
刑,無逃役故意的拒絕服役、離開服勤場所等抗命行
為,得處六個月以下的徒刑(第七十二、七十三條),
至於過失犯,可處三個月以下徒刑(第七十四條)。

7.紀律處分由中央主管機關(中央社會役署)科處之,原
則上應在十日內處分之(第七十一條二項)。科處徒刑
案件由法院為之。

　瑞士實施替代役至今只有三年,歷史甚短。平均申請獲准
率為85%。而各區批准率情形亦不同。例如德語區的批准率
高,而法語區的拒絕率為德語區多一倍(註:參照R. Winet,
Etwas Sinnvolles tun, Handbuch zum Zivildienst, Limmat Verlag(Zürich),
1998, S.14.)。

四、非武裝兵役規定的制定

　早在一九八二年起,瑞士已許可服兵役的役男因為良知而

不必執武器，這是通稱為「後勤役」的「非武裝兵役」
（Waffenloser Militärdienst）。瑞士在一九九五年二月三日正式
修正「軍事法典」（Militärgesetz），實行此制。大體上，役男
服此非武裝兵役的要件和社會役一樣，即必須有良知理由及提
出申請。但這種役別仍是兵役，所以役期比照兵役，而較社會
役為短。不過，此役和社會役仍有不少差別：⑴此役只是反對
執武器，並不是整個反對軍隊及國防事務；⑵申請轉役的主管
機關為參謀本部，雖然三位審核委員是文官，但整個氣氛都有
濃厚的軍事性質，一般而言，批准率為三成左右（表3-6），不
如社會役的八成左右；⑶證明良知理由較費力。未入伍前須檢
附心理專家或神職人員的證明；入伍後要檢附各級長官的意見
……，所以並不容易轉役。因此瑞士雖然實施社會役與非武裝
兵役的「併行制」，但後者的成效似乎並不凸顯也。

表3-6　申請非武裝兵役人數

年度	申請人數	批准人數	年度	申請人數	批准人數
1982	898	364	1990	380	257
1983	547	237	1991	463	314
1984	469	277	1992	452	236
1985	368	230	1993	387	221
1986	356	214	1994	321	186
1987	312	183	1995	339	188
1988	334	201	1996	291	166
1989	378	239			

第十二節 希臘的社會役制度

一、一九九四年時之舊制

在歐洲共同體國家中，實施義務兵役制度但卻未採行社會
役者，只剩下希臘一國（瑞士不是歐洲共同體國家）。希臘在
一九八八年第一七六三號法（兵役法）所實施的兵役制度，規
定役男服兵役之期限，陸軍依兵科各為十五、十七或十九個
月；海軍為十九、二十一及二十三個月；空軍為十七、十九及
二十一個月。如果役男已結婚生子，已生有一子者，服役期間
縮短為一年六個月；已生有二子（或以上）者，服役期間縮短
為一年，以便役男能維持生計。

如果服兵役之役男基於宗教之理由，不願意擔任持武器之
任務，易言之，不願意訴諸暴力手段於敵人者，則可以申請轉
服「後勤役」。這種「後勤役」係在三軍各輔助單位、後勤單
位裡服役。其役期比照原先應入伍役期的二倍計算。這是和奧
地利一九七一年以前實施社會役前所採行之制度相似。若是所
基於之信念並非是宗教，而是其他之信念，例如人生觀者，即
不應許可之。故是對良知「有條件」的認定。

如果役男既不願在野戰部隊服役，也不願服「勤務役」

時，即屬違反兵役法。依希臘法律，意圖逃役者可處四年以下
有期徒刑。據一九九一年十一月之統計，當時全希臘共有四百
名役男在軍事監獄裡服刑。這種不尊重役男良知而採行的嚴刑
峻罰制度，引起歐洲各國的反應。例如德國政府即數次向希臘
政府表示關切；而歐洲議會的「人權及內政委員會」在一九九
三年二月二十三日也通過決議，要求希臘政府從速改善這種違
反人權之情況，而採行社會役制度。所以希臘政府便積極展開
立法之工作，並參考德國為主，並派員赴德國考察相關制度，
來回應歐洲共同體對成員國人權及法治情況和水準的關切。

二、目前之新制

依筆者最近由德國社會役署獲得的最新資料顯示，希臘已
開始實施社會役，並簡化一般兵役之役別與役期。服陸軍役，
役期為十八個月，海軍為二十一個月，空軍為二十個月。社會
役為按兵役延長十八個月，服勤務役則多十二個月。但役男可
以因家庭因素請求縮短役期。

第十三節　其他實施社會役國家

上述歐洲各國實施社會役之情形，是以本文在一九九四年
時發表之資訊為準。近年來歐洲各國又陸續實施此制，由於時

間倉促，本文無法一一詳予探討，謹將大要簡列如**表3-7**。

表3-7　歐洲部分主要國家兵役期間、社會役期間、主管機關、工作指派、職前訓練及審查方式一覽表

國家	兵役期間	社會役期間	主管機關	工作指派	職前訓練	審查方式
德國	十個月	十三個月 二年（海外服務）	婦女青年部 1.委員會（幕僚） 2.社會役署	婦青部（社會役署）	四週（二週為基礎訓練，二週為專業訓練）	形式
奧地利	八個月	十個月（視工作繁重與否） 十二個月（赴國外服務）	聯邦內政部 1.顧問會（法律幕僚） 2.委員會（執行單位）	內政部長指派	二個月（三週為基礎訓練）	形式
荷蘭（目前未繼續實施）	十二個月	十六個月	國防部（批准） ↓ 顧問委員會 社會事務及就業部（指揮） ↓ 社會役局	社會事務及就業部	有	實質
法國（二○○二年實行）	十個月（至二○○二年完全改為募兵制）	二十個月 十六個月（海外）	國防部長（批准） 社會及就業部長（指揮）	社會及就業部長	無	形式
比利時（一九九四年前）	十個月（戰時不可轉服社會役）	十五個月～二十四個月 （二十二個月開發中國家服務）	內部政→社會役委員會（司法部指揮）	內政部	無	形式審核

（續）表3-7　歐洲部分主要國家兵役期間、社會役期間、主管機關、工作指派、職前訓練及審查方式一覽表

國家	兵役期間	社會役期間	主管機關	工作指派	職前訓練	審查方式
芬蘭	二四〇天（陸）二八五天（海）三三〇天（空）（戰時不可轉服社會役）	三九五天三三〇天（後勤役）	地區軍事機關（批准）勞工部↓顧問委員會（監督）	勞工部長或自行申請	四十天	形式
義大利	十個月（士兵）預備軍官（一年三個月）	十個月（同兵役）	國防部↓委員會	國防部長指派	無明文規定	形式審核
葡萄牙	七個月（陸）十個月（海）四個月（空）	七個月	社會役署	社會役署	三個月（專業及一般訓練）	形式
西班牙	九個月	十三個月	司法部↓社會役署	司法部	無	實質審核
捷克	一年（戰時不可轉服社會役）	一年六個月	社會及就業部兵役機關（批准）	社會及就業部指派	無	形式審核
匈牙利	十二個月	十八個月	國防部長	國防部	無	實質
瑞典	七個半月～十五個月（陸）八個半月～十七個月（海）七個月～十二個月（空）	三五五日～三八〇日二年（國外服務）	社會部→委員會	社會部或自行申請	有	形式
瑞士	三〇〇日	四五〇日	經濟勞動部↓社會役署	社會役署	有	實質

4 我國引進社會役之價值分析

第一節 利與弊的分析——由歐洲所實施社會役制度的觀察

一、實施社會役之優點

　　由戰後歐洲各國實施社會役制度正方興未艾，全面制度化和法制化地實施等情形，以及各國並未有打算廢止這種制度的作法可知，實施這個制度的價值，受到歐洲各國的肯定。關於實施這個制度的優點，吾人可以歸納為下列各點。

（一）落實保障人民宗教信仰的基本權利

　　這是社會役制度產生的動因。由於宗教的信仰，役男不願履行持武器的任務，歐洲各國以往僅能用訴諸愛國心來改變役男之心態，或是用嚴刑峻罰來處罰拒絕入伍之青年。前者之措施並無法在法律（及效果）的層面上顯出成效。而後者之效力，亦非絕對。信仰虔誠的役男往往不惜入獄而拒絕服兵役，蓋他們認為為信仰犧牲生命，尚屬崇高之殉道精神，何況入獄服刑？而且，即使屈服刑罰而入伍服役，役男亦可敷衍應付，這也不符國家要求軍人必要時要奮勇殺敵之期待。選擇性的替代役可望扭轉這種以「監獄對抗信仰」之現象。

（二）增加國家對公共福利事務的服務能力

　　現代國家任務擴充最大的範疇，是對公共福利事務的關切及提供人民最大的福祉。特別是在醫療機構、養老院、環境保護……等等，不僅需要國家投入大量的資金，也需要大量的人力。在歐洲國家的各種福利機構，公益事業往往因為人事費用的昂貴，無法獲得充沛的人力來提供最好的服務。此時，一個可以提供充沛人力資源，又有紀律及服務熱誠──以信仰作支持──的社會役制度，即可有效的填補國家福利任務之「心有餘而力不足」的死角。這是廣泛實施社會福利制度的歐洲國家之所以樂用、善用社會役制度，乃源於「現實面」上的考慮。例如德國目前每年有十三萬名投入社會役的役男，其中在醫療機構擔任醫護人員者，即達十萬人。以役男每日僅支日薪十三‧五馬克（合新台幣二百元）可以得知：如果各個非營利的醫療機構不能運用社會役役男，而必須僱用至少薪俸十倍以上的「非役男」時，幾乎這些不以營利為目的的醫療機構即無法生存。此外，國家既然可以掌握豐富的役男人力資源，便可以隨著時代及社會需要，隨時增加或調整公共及福利政策，調派役男服務，例如將人力投入環境保護──包括森林、公園的整建；對殘障人士的到府服務；推廣衛生、環保知識……等等，在各方面更進一步的提升國家服務的質與量。

（三）增加役男的關愛社會、鄉土及道德理念

實施社會役後，役男可以遂其心願的在非軍事領域內，貢獻精力於公益事業。所以可以產生愛心、關懷及了解社會處劣勢或弱者之處境，進而增加其同情心的道德理念。故比較起用不實施社會役，而以「監獄」的怨懟來加諸役男而言，兩者對制度帶來的「社教」意義的優劣可立判而明。

（四）促進軍隊戰力的提升及軍隊領導統御的合理化

實施社會役後，軍隊首當其衝地面臨「競爭」的壓力。蓋軍隊生涯成為被役男「選擇」的對象。如果軍隊裡的管理、領導統御仍停留在不合理，甚至粗暴的方式時，役男選擇入伍者，絕對會減少。因此，為面對社會役給兵役帶來的競爭，國家必須採行一連串因應的措施，例如注意服兵役役男之權利、尊嚴，妥善照顧兵役役男的食住環境，設計漂亮挺帥的軍服，軍隊實施相當程度的民主和嚴格要求的人性管理……等等，如此軍隊才不會喪失其吸引青年的誘力。由歐洲各國役男服兵役和社會役的比例，最多為五比一的懸殊比例來看，五個青年中，會有四人願意服兵役，實與這些國家的軍隊制度已相當合理化，不無關聯。故社會役制度正可作為刺激軍隊「自省」而趨於至善的「酵素」。如果軍隊在面臨役男自行選擇服社會役或兵役後，而能招到許多役男到軍隊服役，自然就可徵集到真正自願服兵役、持干戈以衛國之軍人。就此「精神意願」而

言,不啻是可加強軍隊凝聚力和戰力。替代役制度正可以作為篩汰「心理不適任」之軍人的一種方式。

（五）發揮役男的才能及專業素養

這是整體的就廣義的替代役制度而言。一個妥當的替代役制度,可以讓役男選擇最好的領域來發揮所長。例如法國的替代役制度最為周詳,役男不僅可以選擇服一般兵役、社會役,而具有國防科技專才者,亦可進入國家軍事科研機構擔任國防科技研發工作。具有其他非軍事科技才能者,亦可以投入「協助或合作役」來協助國內企業、產業科技能力之提升。所以役男的能力,以及其在學校所受到的專業技術都能獲得最大的發揮空間。相形之下,單純的兵役制度使役男的才智局限在軍事領域,特別是以戰鬥技能為主。這是忽視人才有多面性,而役男的其他才能對國家所可以付出的貢獻較之入伍服兵役可能更形巨大,所以替代役的確可以達到「人盡其才」的效果。

二、實施社會役之缺點

歐洲早在二〇年代就已有提倡社會役之運動,但是歐洲各國普遍實施社會役是在二次世界大戰後的五〇及六〇年代。甚至不少國家,例如西班牙、葡萄牙則是遲至八〇、九〇年代才引進此制度,而號稱歐洲大陸實施民主體制最早的瑞士,也遲至一九九六年才實施這個制度。可見得這個制度仍有其缺點及

困難。其可能產生之弊病約有下列各點。

（一）兵源的減少

　　如上文討論社會役制度優點所提及的，社會役實施後，服兵役的役男必定會減少。所以歐洲各國在研擬社會役制度之時，反對的阻力幾乎都是來自國防部和軍方。特別是習慣於傳統權威統治的軍方──如六〇年代的捷克，和希望有充沛兵員可使用在軍隊勤務體系（例如給各級司令官擔任駕駛兵）方面──如德國，都對社會役制度並不衷心支持。而且歐洲各國軍方也擔心這個制度會影響國家整個戰術與戰略構想。因為第一，社會役制度儘管各國會有不同的內容，但是大體上都許可役男在入伍後仍得申請轉役而退伍；即使服完兵役後，亦可申請轉為社會役之後備役。在前者之情形，不僅已受過的軍事基本訓練，軍方已作過業的兵員人事安排，都付諸流水，形同軍事訓練資源之浪費；在後者之情形，國家後備及動員資訊則時常處於不確定之狀態。第二，雖然在社會役的紀律措施上，多數國家之法制仍準用軍人法令，但軍人的紀律約束，尤其是關於作戰的命令服從義務，則非社會役役男所受之拘束所可比擬，加上服兵役時會接觸的危險普遍高過一般社會役，故許多役男（及家庭）基於「安全」考慮，會選擇社會役。國家一旦遭逢戰爭的威脅，役男如果多棄兵役而就社會役，國家的安全堪憂矣。

　　軍方的顧慮亦非無的放矢。如一九九一年波斯灣戰爭爆發

後，德國當年申請拒服兵役者，高達十五萬之多，比起前一年（一九九○年）的七萬四千人，增加幅度達一倍。同樣的，奧地利在波斯灣戰後次年，申請轉服社會役者，高達前一年人數三倍之多。所以對戰爭或危險的恐懼，也會使青年藉社會役來逃避有風險的兵役，使得國家沒有足夠的兵源。

（二）造成特權和勞逸不均之後果

　　社會役制度可能淪為特權和關說氾濫之淵藪。舉個例，如果採行「許可制」（實質審查役男有無轉役的「良知」理由），如何能切實審查役男拒服兵役的良知理由已經存在？以歐洲國家的經驗，這種裁決役男轉役的申請，權責多半操在主管部部長之手（法國、匈牙利、荷蘭、芬蘭等國則由國防部長），除非是採「形式審查」，否則准否轉役之權操於一人手中，即易會有特權介入的可能。役男轉服社會役後，各個服役的機構所提供的工作性質不盡相同，可能造成甲機構任務繁重，而乙機構輕鬆至極的現象，違反「服役正義」原則。

　　另一方面，既然役男可以提供廉價的勞力，如果服役機關並非「純公益」，則可能產生「圖利私人」的官商勾結之弊病。以德國的統計，一位社會役役男在服務十五個月內可為其服役機構節省（或創造）三萬三千馬克的利潤。倘若事先沒有制定妥當的規範，社會役制度容易造成「有關係」的役男只是「名義上」服社會役，卻實質上是「逃役」，以及役男被指派往「非純公益」之機構而為「私益」服務的後果。

（三）新制度創建的實質困難甚多

例如社會役，會產生許多新的法令規章。例如役男的待遇、紀律、食宿設備、服役機構的認定，國家的立法機構及行政機構有無充足的人力、物力及能力來配合之？不像服兵役者只要應徵入伍，即可依照既有之組織、制度和法令規章，可以有效的管理之。

三、針對社會役制度缺點的因應

對於社會役實施可能附隨而來的缺點，各國已經採行的因應措施，可資吾人參考者，略有下面數點。

（一）關於兵役役男減少及影響國防實力之問題的因應措施

第一，僅限於和平時期才實施社會役。例如芬蘭、捷克、比利時就明文規定社會役只得在和平時期方得實施。一旦國家瀕臨戰爭威脅或進入戰爭時期，役男便不能轉服社會役。至於其他的替代役，例如警察役，則可視為國家武力的一部分，可增進戰時公共秩序之維護力量，則可不必禁止申請轉役。

第二，實施後勤役。這是將不願服武裝兵役之役男，指派到服不持武器的後勤役。例如奧地利在一九五五年至一九七四年曾實施此制度，芬蘭在一九五九年以後曾實施，義大利及希臘目前仍實施此制度。因為一般軍隊裡的後勤機構，由文書、

補給到兵工、醫護等，依然需甚多的兵源投入，如果能將這些任務換由希望轉役者來擔當，一樣可以保持人力於軍隊之中。

第三，對服兵役之役男予以實質的優待。雖然在平等權保障的出發點上，對社會役和服兵役之役男，國家都應該一視同仁，不能加以歧視，但基於彼此間「任務性質」和執勤時間之不同，例如服兵役者需集體住宿隨時出勤，不適用勞工法令，退伍後經常要點閱召集……等，故歐洲大多數國家實施的社會役，不僅役期較兵役為長，例如德國為三個月，西班牙為五個月，法國則為兩倍，達十個月。唯一的例外是義大利，兩者役期一致。而且服社會役者必須等待數月至一、二年不等，方有可能獲分配到服役機會（德國是唯一之例外）。所以役期短，按時入伍的兵役就處於有利的地位，可以吸引役男服役。

第四，軍隊採精兵主義，縮減軍事編制。為了因應兵源的減少，又不減低戰力的前提下，勢必非採精兵主義不可，以「科技」代替「兵力」。軍隊的任務儘量減少，且簡化為只擔任戰鬥任務，後勤機構儘量轉化為民間——例如軍車轉為民間修車廠承修、軍醫院轉為民營——以節省軍中「非戰鬥」人員之編制。且在軍隊變成「科技化」後，安全性相對提高，也會減少服役役男對自身危險的恐懼，有助於役男不排斥兵役。

第五，軍隊的內部領導統御必須人性化、法治化及透明化，並且廣泛宣導，讓青年了解軍隊並非「法治的黑暗角落」。易言之，在軍隊中服役雖然有較嚴厲之法規，但是法規並非不合時宜，例如軍事裁判制度亦和國家一般刑事裁判制度

相差無幾，故服兵役之役男並不受到過度的嚴刑峻罰之拘束，承認服兵役役男也受到人權充分的保障。

第六，針對服役的危險度而言，服其他替代役者——除警察役有其明顯的危險性，固不必討論外——例如社會役役男擔任民防、消防、醫療救護員、森林防護員……等，亦非絕對安全之任務。一些國家，例如法國及義大利（社會役法第十條）就明白強調社會役役男對危險之任務不得拒絕。此類特別強調加諸社會役役男必須承擔之危險義務，尤以戰時為然，使得役男無法藉社會役之門來躲避危險，也有矯正社會一般認為服兵役才是唯一具有危險之役別之錯誤觀念。

經過這些因應措施，歐洲國家的兵役制度仍是役男選擇最多的役別。一般而言，社會役役男不會超過所有役男20％以上。例如德國服兵役和服社會役之比例，以前往往是三比一（一九九二年），捷克為十比一，芬蘭為3％至5％，奧地利是二十比一至十比一不等，所以兵源並未大量流失。

（二）關於造成特權和勞逸不均之後果的因應

第一，放棄「實質」審查「良知理由」有無存在。實施替代役中，某些役別是需要特別的資格——例如國防科技役需要特別之科技學歷、警察役需要品格良好者……等，故其轉役可以有特殊之條件。但對社會役而言，役男申請轉役的程序，是最容易造成「不公」後果的一環。歐洲各國在實施社會役制度之初期，往往努力嘗試組成一個超然「委員會」來職司役男申

請的裁決任務。遴聘法律專才、心理學家、青年或工業團體代表作為委員會之成員。儘管組成人員具有公正性及代表性，但是能否具體的裁決個人「良知」已經存在？委員會在作准駁之間往往是繫於役男所提供證明充分與否，以及役男表達心理、良知及信仰能力的良窳，其結果判斷也多是一念之間。這是引起詬病最多之處。所以歐洲各國中，目前僅剩下匈牙利和荷蘭兩國是進行實質的審查。即使是實行實質的審查，例如荷蘭亦只能進行「有限度」的實質審查，亦即在荷蘭申請轉服社會役會進行「面談、詢問」之程序，只要主管官署（國防部之社會役顧問委員會）認定役男有良知理由，即可批准轉役。荷蘭之所以稱為「有限度」之實質審查，是增加「面談」的程序罷了。役男只要清楚表明其信仰及良知理由，主管機關即會許可之，並不必詳加調查其良知理由確否存在。放棄「實質」審查程序，自然減少了人為判斷所產生不公的流弊。

　　第二，嚴格認定服役機構之「公益」資格。為矯正役男可能被指派往「非公益」機構服役之流弊，各國對社會役服役機構的「資格」予以嚴格認定。在立法方式上，有採取「概括」認定之方式，例如德國；有採取「列舉」認定方式，例如奧地利、荷蘭、葡萄牙、法國等。在前者（如德國）是屬於「立法授權」之方式，授權主管機關——聯邦婦女青年部——以行政命令規定哪些才是屬於得接受社會役役男服役之機構。在後者之情形，則是立法者將「公益範圍」的種類，用列舉式的方法加以規定。但為防掛一漏萬，也多半會授權主管機關有加以認

定之權限。但真正的關鍵問題，還是如何認定哪些個別的機構可以接受役男服役。歐洲各國幾乎都是訂定幾個大方針：(1)對於公益目的的公管機構，皆許可之；(2)對於非公管機構，必須係「非營利性」者，方得許可之。後者之條件，唯有法國的「技術協助役」才有例外，可至私人企業協助科技提升。凡符合這二大方針的機構須提出申請，主管機構亦會進行實質之調查。避免假借公益機構之名，卻行謀私利之實。這些服役機構之名單應當公布，當然也有公開接受社會監督之作用在焉。

　　第三，為防止役男工作「勞逸不均」，主管機關必須在接受服役機構申請「認定資格」時，即要求服役機構提出「需要名額」之證明資料說明工作性質、工作勞逸度以及該機構所能提供的食宿及管理設備等等。而且，主管機構隨時接受服役男之申訴，即可針對「勞逸不均」之情事採行對策。就此問題而言，奧地利法制堪有新意。奧地利社會役法第七條規定，一般社會役役期為十個月，如果工作係必須付出更多體力、心力及時間時，特別是在社會及醫療服務機構照料病患的工作，其役期可縮短到八個月。奧地利的制度特別強調對「勞」的役男加以優惠，也是追求實質的「勞逸均等」。

（三）對於創立新制度所欠缺的資訊等困難

　　此是每個開始實施替代役，特別是社會役制度之國家所不可避免的困難。故一國在立法前多半會經過一段籌備期。各國的籌備期長短不一，例如東歐的匈牙利、捷克等，在一、二年

內即匆匆實施，德國為期四年（一九五六年至一九六○年）；
而毗鄰的奧地利則遲至二十年才立法，比利時更是在一九六四
年公布社會役法，並以五年為過渡期，五年後才實施此制度。
此次，外國取法的對象亦極重要。因此各國多半先至先進國家
考察，例如到德國。由各國社會役役男人數的統計資料亦顯示
出來，多半剛實施時可先實施較嚴格的審查手續，批准少數役
男至有限、少數之機構服役。待三、四年的累積經驗後，再逐
步擴充服役之人數及服務種類之規模。換句話說，採「階段式」
的步驟，由少至多，由簡至繁；審查方式先採取實質審查方
式，而後再改為形式審查（例如葡萄牙、荷蘭）之方式，開始
時不必一蹴可幾的全面實施此制度。

第二節　外國替代役（和社會役）制度的取法價值

　　欲移植或取法外國任何一個制度，一定要考慮到國情不同
所可能引起的水土不服之問題。同時也要討論我國有無引進這
個制度的必要性及可能性。本節就廣義的替代役——包括最主
要的社會役——為對象，分析一下我國有無採行斯制之價值。

一、我國實施替代役之優點

　　我國倘若能夠實施替代役，除了前節所述的，歐洲各國實

施此制度的優點都可在我國審查外,我國還可獲得下述具體的利益:

(一)可使具有宗教及信仰、良知理由之役男,投入到社會
　　　役之中,不必由嚴刑峻罰之方式處罰之

　　故困擾我國役政單位及影響我國國際名聲的,例如耶和華證人會教徒因拒絕入伍而入獄(且一再入獄)的情形,可望解決。

(二)增加國家治安警力

　　實施替代役中的警察役是補足我國警力不足的最有效的方法,歐洲各國也善用這種警察役來使警力獲得最充沛的來源,德國每年約有八千名警察役的役男參加警察行列。故警察機構內需要年輕力壯之單位,例如邊界警察、保安警察和鎮暴警察,都是由年輕、低薪俸之役男來組成之。我國近幾年來,街頭運動風起雲湧,警察力量已不能應付層出不窮的街頭暴力。而大陸偷渡、走私形成的海防危機,也有擴充保安警察之必要,而目前我國人口與警察人數的比例是四二九比一,是西方民主國家的二至三倍,故警察役可解我國治安問題之死角──警力不足──之燃眉之急。

(三)國防科技人才之善用

　　倘若我國的替代役能夠採行法國的「國防科技役」,明白規定具有國防科技專才之役男可以到軍方之科技研究機構服

役,代替一般之兵役,則一方面經過四年大學或研究所畢業,對科技有專門學識的役男可以在研究單位,或實驗室內代替出操、打野外,相信必更能提升這些役男對國家的「價值」,發揮他們的實力。尤其我國為了國防自主,自力更生,類似中山科學院、飛機研發中心等,都需要甚多的役男。法國國防科技居世界之前茅,且多是國營之機構。法國軍方之所以能有諸多較先進之科技,與該國實行「國防科技役」,善用既有之人才,培植役男,以蔚為國用,有密不可分之關係。試想,例如一位優秀大學電機系畢業的役男,如果投到野戰部隊擔任士官兵或預備軍官,顯然不能比派在國防科學研究室更能發揮其所學。

社會上對大學畢業服兵役的青年「所學非所用」,甚至「二年內忘掉四年大學所學」的批評,並不少見。這都是我國目前兵役制度不能使「人盡其才」的寫照。針對吸引國防科技的人才,吾人如果進一步把眼光朝向海外,我國已有不少「小留學生」為逃避兵役,滯留海外讀書。這些小留學生許多是研究科技者。科技學問的國籍、國界因素較小,如果這些小留學生願意返國就業服務,而且願意服役的話,派遣他們入部隊服役恐怕和其他役男、長官在觀念、語言都不易適應。如果能入科研單位,他們即易進入狀況,國家也輕易能獲得他們服役的貢獻。所以彈性的替代役制度可以替國家,甚至國防帶來更宏大之利益。

（四）增加社會福利工作之人力資源

　　社會役的制度可以提供我國許多役男之人力，來協助政府
推動社會福利工作。除了我國在民國八十四年度開始實施全民
健康保險，各公立醫院需要大量之醫療人力之外（目前已有嚴
重的護士荒），我國目前在社會安全體系裡仍然有許多制度還
待建立。例如我國目前社會仍有為數數十萬的殘障人士，假如
政府決定在各地設立收容、照顧這些殘障人士的醫療院時，除
了成立的經費問題外，如何募集大批的醫護人員、雜役人員？
此時一大批有紀律、且薪俸低廉的青年能來投入此服務行列，
單靠目前兵役制度是無法解決此問題，實施社會役是唯一有效
的解決方案。歐洲各國加入社會役的人員中，都是以醫療機構
（包括養老院、殘障院）裡服務的役男最多。例如德國現在每
年約有十萬名役男在此範疇內服役，占全體服社會役役男的一
半以上；奧地利則是在「急救單位」（如紅十字會、一一九急
救中心）工作之役男占 50％以上，都可表明年輕力壯且有效
率的社會役役男，已經成為各級醫療機構最不可缺少的一部分
了。

（五）落實「服役正義」的平等原則

　　倘若國家不實行替代役，而只實行僵硬的兵役制度，變成
國家徵兵的體能標準單純以「軍事要求」，或是更具體的說，
是以「陸戰要求」來汰選役男。因此現行徵兵體檢對於高度近

視、扁平足……等等，雖然不適合需高度體能的兵役要求，但在其他替代役，例如社會役及國防科技役裡，卻仍是具有「服役能力」。國家如果僅以徵兵的要求來排除這些役男，無異是給「公共利益」開了一個窄門。對於體能好，適合「陸戰」之兵役要求的青年，即顯得不公平，忽視了每個健康青年都有為國服役之義務及公平性。以我國民國八十年度而言，及齡青年共有十七萬人，其中堪服兵役者有十四萬人，而17％、為數三萬的青年可以不必服兵役。如果體檢不必以兵役作標準，而是採行「因役要求」之方式，對甲、乙等體位可要求服兵役，對丙種體位役男規定可服社會役或科技役，相信這三萬名役男中仍有許多堪服較輕體力的社會役及國防科技役了。據內政部役政司的統計，三萬名役男中至少仍有五千名屬於這種「堪役役男」。

二、我國引進社會役之缺點及困難

實施替代役中，警察役或科技役並沒有太多的困難，而社會役則會造成一些疑惑。在我國可能產生下述的困擾和疑問：

（一）廣泛欠缺對「良知拒服兵役」的認識

歐洲社會對於社會役制度的出發點——保障人民基於信仰、宗教自由權——的「良知拒服兵役」理念，在我國社會並沒有受到廣泛的重視。這是因為我國的社會並非如西方，是以

基督教為主之社會。以信奉佛、道教為主的我國社會，雖然有
「不殺生」的信仰，但千百年以來，這個思想並未有制度的變
成信徒不從軍之信念。由於欠缺宗教的信仰支持，同時社會上
又沒有強大的宗教團體形成推行社會役的「壓力團體」，而此
正是歐洲諸國（如義大利、德國、捷克、法國）最普遍之現
象。這也因為該些國家教會之機構正是吸收役男服役的主要機
構。我國形成人民抗拒服兵役的問題也是近幾年，由外國傳進
我國的某基督教教派信徒所發生，所以是標準的「外來」之問
題，社會上要求引進社會役的聲音，目前並不多見。

（二）無國際壓力

　　歐洲各國普遍實施社會役還有一個「外在」的因素。歐洲
議會早在一九六七年一月二十六日已經通過第三三七號決議，
引述歐洲人權公約第九條保障人民宗教與信仰自由之規定，要
求與會各國儘速實施社會役或其他替代役之制度。在一九八三
年甚至進一步要求服社會役之役期應和兵役一致，避免對服社
會役役男歧視。所以對於未實施社會役的國家，或是實施不甚
妥適的國家，其鄰國甚至國際組織都會形成壓力。例如一個最
明顯的例子，歐洲議會在一九九三年二月二十三日通過決議，
要求希臘從速釋放四百名在獄服刑的拒服兵役的役男；德國政
府也屢次要求希臘改善此現象，都是國際壓力之表現。相反
的，我國所處的亞洲國家中，僅有韓國實施武裝警察役（但沒
有實施社會役），並沒有其他國家實施社會役，故我國對實施

社會役並無外在的壓力。

（三）中共武力犯台的軍備壓力

　　我國實施社會役制度所遭到最大的阻力，便是海峽對岸中共武力犯台的威脅。在可預見的將來，我國不僅不能縮減軍備，反而要加強軍事實力，以確保國家的安全。以彈丸之地要對抗世界上軍隊人數最多的中共，我國國防之需要充沛的兵源，是可以理解。實施社會役的前提必須是在保持國防戰力，不能犧牲國家安全，方有可能。這點，前節關於「外國對兵役役男減少及影響國防實力的因應」部分，亦請參照。

（四）我國是人情關係複雜之社會

　　實施社會役的流弊方面，必須考慮我國是一個人情特殊濃厚及複雜之社會。由役男轉役申請、服役地點的分發，到服役性質之勞逸……等等，都可能不免人情之干擾。不過，此點應該可以克服，亦即採行類似兵役抽籤分派工作之制度，或是明白規定「本地迴避」之制度（如西班牙），或是規定役男不能到以前曾服務過或有關係之機構服務，避免人熟地習可能的取巧弊病（例如德國、荷蘭）。

（五）憲法規定的僵硬

　　另一個存在阻礙我國實施替代役的因素，是我國憲法第二十條規定人民有服兵役之義務。由於依法理對人民義務的規

定，只能作狹義解釋。故我國曾於民國六十六年一度實施四年制的警察役及「國防役」（即類似法國的「國防科技役」）在合憲性方面都存在不少問題。故我國要建立社會役制度，即必須通過修憲的程序。

三、小結

　　由本章前二節（第四章第一、二節）部分所討論歐洲實施社會役之優點與缺點，以及一旦我國採行此制度之利與弊的分析，作整體評估的結論，本書是採肯定的態度。其理由並非只著眼於吾國已漸有迫切之「良知拒服兵役犯人」之問題，而主要的目的，卻是前瞻性的為解決政府日後在推行公共醫療服務、環境保護……等政策所欠缺的人手問題。也希望藉著替代役制度的引進，修正僵硬的兵役制度，讓役男能夠在國防科技役、社會役及警察役裡，一樣達到報效國家之功能。所以推行替代役之制度，是有極具體和豐碩的優點。

　　相對之下，推行替代役所帶來的副作用，恐只有「兵源的減少」。然而，如本書所分析的，如果政府妥善採行因應措施，如精兵主義、科技化、精簡編制、改善役男待遇及軍隊領導統御……等，視替代役之制度為刺激國防體制現代化之良方，加上輔以服社會役役期較長，需要長時期等待安排職位……等等，兵役制度還是可以顯出其吸引役男之優點。此也是歐洲國家實施替代役後，占替代役役男最多的社會役役男人數占

所有役男人數，由芬蘭3％至5％，到德國以往長年的20％以內，可以看出替代役制度，特別是社會役制度對兵役役男的減少，不如想像的來得嚴重。何況我國國軍若實行精實案即可減少兵源需求，「兵源不足」的困擾即可解決。另外，如只針對役男減少的問題，亦可考慮放寬徵兵的體檢標準，將役男「適役」之標準調整為不再以「適服兵役」作唯一標準，相信亦可增加許多適役之青年。我國每年有三萬名及齡青年是「不適兵役」而免役，是否仍有漏失「可役人才」？亦即考慮將「丙種」體位列入服社會役，不失為一增加役男的可行方法。而一旦如兵員過多時，社會役更是一個消化役男的最佳管道。最明白的例子莫如近三年來德國社會役人數已超過兵役役男。如果沒有社會役每年消化十三萬的役男，德國軍隊必須兩年後才能徵召當年役男入伍，對青年權益的衝擊，即可想而知了！

第三節　我國實施替代役之內容、程序及基本原則

一、我國可實施替代役之種類

　　吾人經過對歐洲各國所實施的替代役制度詳予觀察後，可以認為役男除了服兵役外，還有下列幾種役別，可以作為替代役之內容：第一種是警察役。屬於警察役的範圍，除了一般行

政、刑事及保安警察外，亦包括消防警察、監獄看守員及一一
九急救中心等在內。如此一來，我國的警察役則可涵蓋歐洲國
家民防役及部分社會役之任務。

　　第二種是國防科技役。這種役別是仿效法國之制度，目的
是將擁有專業科技的役男指派到有關國防科技的軍事研究機
構，甚至與軍方有合作關係民間企業之研究單位，進行科技面
的研究。符合這些資格的役男多半是大學以上相關科系的畢業
生。誠然，如果役男都是在隸屬於軍方之研究機構，這種役別
也可以納入「兵役」範圍之內。不過，如果吾人要突出此類役
別之特色，且以役男之權利角度來看，如果國防科技役係法定
「獨立」於兵役制度之外時，服科技役之役男即使是在軍事科
技機構內服役，軍方亦不得將之調往非科研之後勤單位內服
役，遑論調往戰鬥部隊服役。故獨立的「國防科技役」具有保
障役男在科技機構服役之「制度保障」，而非服兵役之役男調
往科研機構服務者所可比擬。

　　第三種是社會役。役男可到有益於公共利益的機構裡服
役。至於社會役的範圍，則可由法律明文規定。如果海峽兩岸
的關係有所改善，到了兩岸關係邁入「國統綱領」第三階級
時，我國的社會役當亦可以發展成立類似歐洲國家的「海外合
作役」，成立「大陸服務役」，赴大陸（偏遠）地區推行文化及
社會服務；如果因為海峽兩岸特殊關係，「大陸服務役」制度
不易推行，我國亦可成立「海外華僑服務役」，選派役男至海
外僑校或泰北等地進行僑民服務，特別是傳播中華文化所欠缺

的華文教師工作。我國已有不少懂當地語言的僑生，正可以藉此機會返回僑居地服務同胞。這種「海外華僑服務役」或「大陸服務役」可以視為社會役之一環，也可以獨立成為一個替代役別，因此我國可實施的替代役種類，可以區分為三種──即警察役、國防科技役及社會役（含大陸或海外服務役）；或四種，即警察役、國防科技役、社會役及大陸與海外服務役。

二、最理想的實施程序

在我國憲法目前仍規定人民只有服兵役之義務，以及推行替代役之必須要通過一連串的立法程序及修法程序，我國要推行替代役制度，可以以國民大會通過憲法修正案之時間為準，分成「準備與過渡階段」以及「立法與籌備階段」等兩個階段。茲分別討論如下：

（一）第一階段（準備與過渡階段）

實施後勤役及國防科技役。在未經過修憲程序以前，我國可以利用現行役男服兵役之規定，先行在兵役的「彈性運用」方面著手。其中最先應採行的是「後勤役」和「國防科技役」制度。

「後勤役」在歐洲國家行之有年。奧地利在實施社會役法前即實施此制度達二十年之久。至於義大利、希臘迄今仍實施此制度，芬蘭更在近年內實施此制。後勤役制度的優點具有協

調及過渡之作用。具有特殊身分的役男──例如僧侶、傳教士以及因良知不願服武裝役者,皆可以指派服後勤役。由於服後勤役之役男一樣具軍人身分,也是履行兵役義務,故可以在國家未建立社會役制度前,作為一個緩衝之過渡制度。現代國家國防體系已經走上「公務員化」之趨勢,持武器的戰鬥兵員占全體軍人的比例亦有限,所以建立役男可以正式申請轉服的後勤役,不失為在替代役制度建立前可即刻採行之措施。同時軍隊若能善為規劃後勤役,亦可為軍隊留住一大批可用之役男人才。至於服後勤役之役男雖也是服兵役,其役期應否延長?以奧地利為例,奧地利實施後勤役二十年之中,最初的十六年(一九五五年至一九七一年)裡後勤役的役期較戰鬥役役男長三個月;希臘在實施社會役前已許可服後勤役者其役期以其原服役之役期的二倍計算;目前仍實施此制度的義大利,則和兵役役期相同。但是,不論就後勤役役男的法定地位,履行之義務都是兵役,或是後勤役之任務──例如在軍醫院擔任看護兵,或是擔任文書,都不一定是比服武裝的戰鬥兵役來得輕鬆。所以,即使採行後勤役,其役期仍應和一般兵役相同為宜。

　　「國防科技役」是仿效法國的制度,針對役男中具有國防科技專門知識者,得經申請後派往軍事科研單位服役。我國以往曾經辦理過類似之「國防役」,徵集大學相關科系畢業生服四年之預官役,故已有辦理此種役別之經驗,惟在此所謂的國際科技役基本上應比照兵役。法國的國防科技役比起一般兵役

長二個月。這是因為一般兵役役男在退伍後仍有點閱及教育召
集，而國防科技役之役男並無此問題，故延長二個月服役。目
前我國實施此國際科技役並無困難，因為我國的國防科技機構
甚多，例如中山科學院的規模就可以提供許多機會讓「科技役
男」來研究，或協助研究。假如我國願意將「科技」範圍加以
擴大成為「軍事科學」，許多具特殊專業學識之役男——例如
外語人才，即可轉服此「特殊役」。我國的國防科研機關目前
都是隸屬國防部（或參謀本部），既然同屬軍事體系之內，便
可在不修改現行兵役法令的前提下，建立國防科技役之制度。
我們相信此舉可以擴大軍事科研單位吸收人才之管道，役男可
以用「頭腦」而非單靠「體能」來貢獻國家。同時使得許多經
過國家大學教育栽培四年或六年以上的役男，不至於在一般部
隊的二年生活中忘其所學，反而是學以致用。且在「為國蔚才」
的方面，國防科技役制度無疑的可以培養及發掘國防科技的人
才，對今後將繼續實施的「自力更生」國防政策，及維持龐大
科技研發計畫的我國國防體制，這個制度可提供很多寶貴的人
力和腦力資源，所以國防科技役有其積極的意義。

（二）第二階段（立法與籌備階段）

　　修憲及制定「國民服役基準法」完成第一階段的後勤役及
國防科技役等屬於過渡期的措施後，應該將「修憲」及「立法」
作為下個步驟。

　　憲法第二十條的「人民有依法律服兵役之義務」應該經過

國民大會進行修改程序,改為:「人民有依法律服兵役或其他替代役之義務」,以獲得實施替代役的憲法依據。以這種簡單的方式來修憲之後,再把替代役的內容、役別及役期等等,交由立法者來決定。所以修改憲法的困難度並不存在。

對於替代役的立法,可以採取兩種不同的立法方式。第一種是德國或奧地利所採用的「個別立法」。對不同的替代役,制定不同的法律。如警察役由警察法來規定,社會役則由社會役法規定。第二種是「統一立法」,例如法國在一九七一年制定一個「國家服役法」(code du Service nationale),將各種役別──包括兵役及各種替代役──統一規範在一個法律之中。法國的「國家服役法」便成為人民服役的「基準法」。

雖然這兩種立法之方式有別,其實並不相斥。因為即使在後者的立法方式──如法國,仍然必須另外立法規範各個役別的細部內容,因為只憑一個統一的基準法最多只能規定各種役別的基本原則。本書以為我國將來的立法是可以選擇法國的方式,制定「國民服役基準法」。這個「國民服役基準法」應包括兵役及其他替代役在內。替代役的種類──國防科技役、警察役、社會役(及大陸、海外服務役)──在本法內可以分章列明。

倘若我國要朝制定此「國民服役基準法」之方向努力,立法技巧上,可以將目前的「兵役法」加以擴充,增加替代役之種類及實施之基本原則,而後授權各主管部會(或行政院)制定「施行細則」例如「兵役施行細則」、「警察役施行細則」

及「社會役施行細則」……等，完成母法與子法之立法。先行
實施一段時間後，再行制定規範其他替代役的獨立法律。

三、我國可實施之社會役內容的基本原則

以歐洲實施的社會役制度，可以給我國提供不少參考之
處，如我國日後實施社會役，似乎可以以下述幾個原則來樹立
我國社會役之架構：

（一）社會役適用的時期

雖然歐洲大部分的國家對實施社會役並沒有限於戰時或平
時，皆一體適用。但亦有少數的國家，例如芬蘭、捷克與比利
時，就明定只在和平時期方得實行社會役。鑑於我國特殊的國
防情勢，因此本書以為我國可以採行芬蘭及比利時之制度。唯
有國家在和平時期方可實施此制度。至於國家一旦進入戰爭狀
況，或是國家進入動員，或是總統宣布緊急命令時，即可暫停
實施社會役，以便貫徹戰時「國防第一」的目標。同時，在動
員時期，原先服社會役之役男在必要時可以仿效義大利之制度
徵召服「後勤役」，以增強軍隊的後勤能力，但最理想的，則
是編入民防隊，擔任救災的任務。

（二）社會役採申請制度

社會役作為兵役的替代役，基本上是居於「輔」而非「主」

的地位。採取申請制度是可以對申請服社會役之役男先作審查。基本上，法律可以明文規定下列人員有「社會役男」之資格，例如僧侶、神父、牧師及神學院畢業（準神職人員）、兄弟中已在服兵役或職業軍人、已結婚生子，以及體位較次（如丙等）……等等。至於未能具備此身分的役男，例如主張有「良知理由」者，則應提出申請，經過審查程序後，方可許可其轉服社會役。審查程序應經過面談方式，了解申請者之動機與信仰、心理等理由（如荷蘭）。剛實施社會役初期不妨先行「實質審查」，避免基於好奇、投機等心態，造成申請轉役的氾濫。待三、四年後再逐漸轉成形式審查。

（三）社會役役期得較兵役為長

　　雖然歐洲各國都有呼籲社會役役期應和兵役一致，但除義大利外，所有國家之社會役役期都較兵役為長。最長的是保加利亞、丹麥等四國，長達二倍；短的是德國，長三分之一，達三個月。社會役役期較兵役為長，在計算方法上是根據軍隊生活可能是「全天式」的──例如演習、出任務──及退伍後的點閱召集等義務外，也寓有藉此抑制役男大批排斥兵役之用意在焉。由於我國兵役的期間為二年，已較歐洲國家為多（歐洲國家一般不超過一年），故我國社會役即使要較兵役長，但其長度最好不超過兵役之一半，即以二年半到三年為最長期限。但如果社會役之工作極為繁重者──如醫院，則可取法奧地利之制度，授權主管機關酌予縮短半年以內之役期，以求實質的

平等。至於其他替代役的役男，除了國防科技役和警察役應和兵役一致外，如成立「海外服務役」或「大陸服務役」時，這些役別應該有較社會役長之役期，這是赴海外服務必須具有專業、經過訓練及需要適應當地，所以歐洲各國對「海外合作役」率多延長其服役年限，例如奧地利是十二個月，超過兵役一倍；比利時為二十二個月，超過兵役一倍，法國是十六個月，超過兵役六個月，德國是十三個月，超過兵役三個月。所以我國「海外或大陸服務役」可以較兵役長一年或兩年。

（四）社會役的主管機關應以負責青年事務之機關為宜

對於社會役的主管機關，歐洲各國的情形，計分屬下列部會：

1.屬於國防部掌管者：義大利、匈牙利。
2.屬於內政部掌管者：奧地利、比利時（名義上）。
3.屬於勞工部掌管者：芬蘭。
4.屬於社會、就（職）業部掌管者：捷克、法國、瑞典、荷蘭。
5.屬於司法部掌管者：西班牙、比利時（實質上）。
6.屬於青年婦女部掌管者：德國。
7.屬於獨立部會者：葡萄牙。

上述各國雖然將社會役隸屬不同部會，但最不可採者是將社會役劃歸在國防部之下，因為如此一來則會混淆社會役和國

防部所掌握、監督之兵役（或國防科技役）之制度。歐洲國家
裡僅有義大利及匈牙利兩國是以國防部為社會役為主管機關。
匈牙利對社會役是一個仍在摸索及試行的國家，固不必論外，
義大利已經考慮將社會役主管機關由國防部移轉到一個獨立機
關──社會役署（仿效葡萄牙之制度），並已完成修法的草案
（見附錄三：義大利社會役修改草案第八條），所以國防部不宜
為社會役之主管機關。惟國防部作為接受或批准役男申請轉服
社會役的主管機關，則是有許多國家例如法國、芬蘭、荷蘭及
義大利等，這是因為在該些國家，國防部亦負責兵役行政之故
也。

　　比較多的國家是將社會役列在負責社會福利及職業、就業
的社會部的職權範圍之內。這是著眼於社會役提供的服役是以
公共福利之事務為主，且社會役之工作性質（適用勞工法
令）、場所和其他「非役男」同仁的職業行為頗接近，所以由
管理職業與就業的部門來統籌作為社會役之主管機關。但是，
以德國之將「婦女與青年部」作為社會役最高主管機關的制度
也有甚好的參考價值。

　　德國著眼於社會役是青年對國家履行促進公共福利的一種
義務，故將服社會役之役男視為國家青年輔導政策的對象。所
以舉凡青年輔導、就業輔助、職前訓練、社會役役男的訓練中
心……，都由負責青年（及婦女）事務的專責單位來負責。由
婦女青年部下設一個專門的「社會役署」來擔任執行之機構。
再加上社會役所提供之服務並非全屬「社會福利」事項──例

如環保服務之任務屬環保部、森林防護之服務屬農林部、文教
服務屬文化部……等等，所以不宜將社會役列為社會福利部來
管轄。倘若我國以「德國模式」來審視我國政府的結構，似乎
青年輔導委員會正類似德國婦女青年部，是負責青年輔導及就
業的專責單位。如果能將青年輔導會層次提升為部之層次，於
「青年部」下成立「社會役署」，再於各地區成立社會役局
（處），作為執行社會役的執行機構，則不僅在名義上，也在實
質上都是最合適之機構。不過，以目前我國政府正朝「組織精
簡」的方向努力，青年輔導會甚至有裁併之議，遑論更擴張成
「部」？所以「德國模式」恐不合政府當局之意！

　　我國實施替代役後役男可選擇服役。基本上，徵召服役仍
依目前制度，由役政機關發出徵集令，役男應向役政機關提出
轉服替代役之申請，由役政機關將申請轉往警政機關（警察
役）、社會役署（社會役），或國防部、參謀本部（國防科技役）
……等等。當然亦可許可青年逕向各服役的負責機構（例如向
社會役署）提出申請，以簡化程序。

（五）社會役役男職務以指派為原則

　　歐洲國家社會役役男對服役之職務，大多是接受主管機關
的安排。基本上，役男沒有請求指派何種任務之權利。但為了
使社會役勤務最能符合役男之志趣及學經歷起見，可以規定安
排役男服役應儘量符合役男之志願。但這個規定宜屬於「訓示」
規定，而非「強行規定」，避免無謂的爭議。歐洲國家亦有許

可役男自行聯繫服務機構，尋找服務機會者（如瑞典、芬蘭等），但基於我國社會人情關係之複雜，以及社會役機會可能有限，役男需要「排隊」等待服役機會，故仍以接受主管機關安排，指定工作為妥。法令應規定役男不得拒絕履行所指定之職位，如同兵役役男不得拒絕命令一樣。

（六）社會役役男得以集中或強制住宿為原則

　　歐洲各國多半規定服役機構應安排役男之食宿設備，而且如任務需要時，得要求役男住在服務機構——例如醫療機構，故集中住宿或依命令住宿，可以列為社會役役男的義務。役男集中或強制住宿可以收到管理方便之好處，但是在不影響執行任務時，役男可以自行安排住處（例如住於家庭或親友家），歐洲各國之制度也率不予反對，蓋此亦可節省政府或服役機構張羅役男住宿之問題也。由於都市化的地區一屋難求，許多接受社會役役男服務的機構率多是公益機構，並無足夠的財力提供役男妥適的居住地方，因此不是希望役男能夠自行解決住房問題，就是由政府興建類似青年中心（社會役役男中心）的宿舍。役男居住問題之嚴重是困擾歐洲各國普遍的現象。

（七）社會役服役之機構限以「公營」機構為宜

　　接受役男服役機構雖以促進「公共利益」的機構為其前提，但是這個機構應該以「公營」機構為限。如果我國僅規定「非營利」之公益機構即可以提供役男服役（例如德國），其流

弊必定不小。因為我國目前有許多「非營利」的公益團體——
如財團法人，其實僅是充當捐助人之「稅務分擔」之附屬機
構，並未真正達到服務公眾的設立目的。因此為了避免社會役
役男替私益服務起見，社會役服役機構應該僅限於各公立（含
國立）之機構。

（八）社會役服役的範圍

　　社會役的服役範圍可以在法律上加以列舉式或概括式的指
定。不過，以歐洲的制度，多半是集中在醫療及復健（包括對
煙毒癮之矯治）、殘障者之協助、環境保護性之工作（例如清
潔隊、公園森林河川等）、急救中心、交通秩序維護……等，
甚至包括山地或偏遠地區文化推廣、社區服務……等等，範圍
可說是相當廣泛，其中在醫療復健機構占了最大之比重（一般
是占全部之半數以上的役男），我國將來實施社會役相信也將
是在醫療機構服役的役男占最大比例。至於成為役男服役的機
構必須經過向主管機構申請之手續，並且應經嚴格的審查程
序。當然，服役機構也應遵守所科與的義務——例如尊重役男
之人格、工作尊嚴、照顧食宿、妥適的指揮監督、公平分配工
作……等等，作為服役機構的「適格」要件。德國社會役制度
還有一種名為「到家服務」，即對於孤苦無依之老人，或是殘
障人士需要役男到家服務者，亦可向各地社會役機構要求派員
到家協助清潔房舍、購買日用品、散步、復健等等，這個制度
頗值我國引進，「老吾老以及人之老」正是我國儒家人文精神

之寫照。我國各地可以成立「社會役服務中心」專門接受類似服務之申請。

（九）役男服役前應該接受職前訓練

德國、奧地利、葡萄牙及芬蘭四國，有對社會役役男進行很正式的職前訓練之制度。這些訓練都是分成「一般訓練」及「專業訓練」，讓即將服役之役男明瞭社會役制度之目的、役男權利及義務（包括紀律處分）以及服務的工作性質，係類似新兵訓練之課程。職前訓練亦可延伸到在職訓練，也就是役男到服務機構後就地舉行。

（十）役男的紀律措施應予嚴格規定

社會役役男雖不似服兵役之役男，但是其服役的強制性及應接受指揮服勤之義務和兵役役男並無不同。歐洲國家裡僅有義大利對社會役役男之紀律是準用軍事法規，法國對重大之違法事件——例如逃役，才是準用軍法，德國亦同。由於服社會役和服兵役在犯罪的形態上並不可能完全一樣（因為社會役役男手中沒有武器），所以援用軍事法令來管理社會役並不恰當。但是可以準用軍事懲戒之方式來科予役男遵守紀律之義務，同時對於兩種（兵役及社會役）役男都會發生之重大違法行為，例如曠職、抗命及逃役，就應處罰以同樣之刑度，以示兩種役別的義務係一致。德國社會役法（第五十二條）對曠職罪處罰是三年以下有期徒刑，和該國軍刑法（第十五條）之刑

度一致；社會役法（第五十三條）對逃亡罪處五年以下徒刑，
也和軍刑法（第十六條）處罰軍人逃亡之刑度相同；社會役法
（第五十四條）對社會役役男抗命罪處三年以下之徒刑，也同
於軍刑法（第十九條）處罰軍人抗命行為之規定。至於對於社
會役役男之紀律採取很寬鬆之態度──例如捷克，恐怕不能有
效指揮眾多「散居民間」的社會役役男，連帶也會「崩壞」了
社會役及兵役之制度！對社會役役男的處罰可分成屬紀律罰的
警告、禁足、罰俸（減俸）外，亦有屬於刑事罰的有期徒刑等
等，除了後者應由法院科處外，前者既屬公權力之紀律措施，
則應由主管機關或設立在各地之官署（縣市地方社會役局、處）
予以處罰。役男服役機構雖有對役男工作指揮及監督之權限，
以及當役男有違法之行為時，有向監督機關提出報告之義務，
但並不能享有紀律懲處之權。

四、結論及建議

　　由本章所作的討論可知，對於實施徵兵制的我國，引進較
具彈性、且可滿足多項符合國家利益的替代役制度，將是利多
於弊的決策。以世界潮流而言，西、北及南歐實施義務兵制的
國家固已全部實施此制度外，大多數東歐國家也開始採行。這
些國家的管理及防弊等措施也清楚的可提供了許多他山之石，
減少我國將來建立制度可能陷入的思考盲點。我國目前精簡後
擁有的四十萬軍隊規模，每年可招募十四萬役男的人力資源，

如果真正落實政府正在採行的「精簡政策」，應該可以勻出三萬名役男投入替代役。依本書之意見，我國可以採行警察役、國防科技役及社會役（包括海外及大陸服務役）等三大役別，作為替代役之內容，使得役男可以依其專業能力、志趣，甚至信仰，分別投入軍隊、國防科研單位、警察機構及各公營公益機構裡，報效國家。這是以彈性方式革除僵硬的兵役制度，將青年服務社會與國家的大門敞開，其功效是具體而明確的。

推行替代役唯一的重大副作用（而非缺點），應是兵源的減少。本書經過援引歐洲各國的經歷及採行的因應措施，可以知道其負面的影響力將僅僅是暫時性的及微弱的。因為靠著對替代役制度──特別是社會役──的設計，例如較兵役為長的役期、無須等待即可服兵役……等等，兵役制度仍是大多數役男所選擇的役別。歐洲各國選擇服兵役之役男仍占八成以上，即是兵役制度仍最受青年們青睞的明證。況且，專以增加役男人數為著眼點，可適度放鬆役男體檢標準，將「適役」標準不以「適兵役」為準，即可增加許多役男投入替代役了。

對於國內歷年來已產生超過一百起役男基於宗教信仰拒絕服兵役而遭判刑之情事，已經顯示出我國已存在了「良知拒絕兵役者」的問題。至一九九九年九月底為止，尚有二十個耶和華證人會的教徒仍在軍事監獄中服刑。倘若我國不即刻研究建立社會役之制度，一來這種寧願「入獄替入伍」的事件會愈來愈多；二來我國遲早會受到國際社會，特別是國際基督教會團體，對我國發出「不尊重人民信仰權利」之抨擊。但是社會役

真正可以引起我國必須重視的價值,是社會役可以提供我國公共福利、公共服務的機構許多有紀律的青年,疏解醫療單位、養老院、環保機關……等迫切需要人力的現象。以目前我國每年約有十四萬名適役役男,而兵役僅需十萬餘,故每年可將三萬名役男投入到社會公益事業。對於我國社會所享受到的生活及福利品質會有多大的提升,已是再明白不過了。

　　因此,我國實施社會役制度是有理念上及現實上的正確性和迫切性。經比較研究結果,我國可以實施的社會役制度,應該是:

1. 在國家處於和平時期才可實施,一旦處於戰時或有戰爭危機時,即應暫停實施,以使國防力量能優先獲得最充沛的人力。
2. 役男除了具有特殊身分(例如僧侶、牧師)外,以經申請及批准始具有社會役的服役資格,以控制人數。
3. 社會役應比兵役之役期為長,這是基於兩者服役性質及出勤方式不同,也有顯示服兵役的優點以吸引役男服兵役。
4. 社會役的主管機關歸屬,應以德國之制度由「婦女青年部」主管之設計最好,以使國家負責青年事務的最高機關作為社會役之主管機關。故師德國之制度,我國政府組織裡似乎以「行政院青年輔導會」作為社會役主管機關最為妥適。故「青年輔導會」宜升為部之層次,以便

在部內設立一個負責的「社會役署」。倘若政府不欲擴
大青輔會之任務，最好的替代方案是將內政部役政司擴
大為「役政署」，除執掌其原有兵役行政業務外，也統
管所有社會役之業務。

5.對於社會役役男應以集中與強制住宿為原則。

6.工作分配採「指派」為原則。

7.服役機構應只限於「公營」之公益機構。

8.役男服役前應接受職前訓練。

9.役男的紀律應該採嚴格主義，基本的懲戒措施和違法的
處罰刑度，應比照軍事法令，以使所有役別之役男都受
到相同義務之拘束。

　　在實施的步驟方面，鑑於我國憲法第二十條規定人民有服
兵役之義務，故必須先經國民大會進行修憲，增訂「人民有服
兵役及其他替代役」之條文後，才有可能全面實施替代役。在
修憲後，我國可以仿效法國法例，制定一個「國民服役基準
法」，統一規定人民服兵役及三種替代役的基本原則，並授權
由政府制定四種役別之「施行細則」，使完成替代役施行的立
法程序。在國民大會完成修憲程序前，政府仍可以利用現有的
兵役制度，先行實施奧地利及希臘諸國曾實施的「後勤役」及
「國防科技役」，作為全面實施替代役之準備及過渡制度。

　　在本章的結尾謹提出一個建議：替代役制度將是我國在跨
向二十一世紀的一個重大制度，我國國防、治安、公共服務和

福利的體質，必有脫胎換骨之功效，必須及早綢繆。由於本制度之推行會涉及兵源（國防部人力司）、醫療人力（衛生署）、役政、警察與社會福利（內政部）、環境保護（環保署）及青年輔導（青輔會）等事項，因此一個「跨部會」的研究小組應該成立。由於牽涉的部、會、署不少，故這個「研究小組」應由行政院指示召開，而可由「內政部」負責進行研討。如本「小組」能夠成立，與會之國防部代表可仔細計畫國軍兵源及人力分配的因應問題，內政部可提供近幾年役男人數的增減，以及相關役政（包括體檢標準的更迭）之資訊，衛生署、環保署及內政部有關社會福利工作之單位代表，亦可規劃「需用人員」的額度。故這是關於「役男人力資源」作最大利用及「再分配」的重要研議組織。其次，本小組亦可派員到歐洲實施替代役著有績效的國家進行考察。以替代役種類齊備，針對役男「以才使役」最周詳者，應參考法國；單就社會役而言，社會役推行最有制度、服役人數最多（十三萬人以上）的德國，其「社會役署」以擁有一千三百名人員的建制及有效率的「社會役行政」亦足我國借鏡。但最重要的，本「小組」應致力凝聚共識，破除各機構之本位主義，全力為我國創造出一彈性的兵役制度，更能發揮人力資源價值的替代役，以及更富倫理和闡揚「民胞物與」的社會役制度之體系，讓我國早日踏入福利國家的境地。

5 我國政府對社會役的規劃

第一節　重山險阻──國防部的反對

　　本書在前四章的內容，是筆者於民國八十二年七月提交給行政院青年輔導委員會的研究結論。研究報告送出後不久，即蒙青輔會當時代主委蔣家興博士的重視，並召開成果說明會，邀請國防部、教育部、衛生署、環保署……等將來台灣可能實施社會役時會牽涉到的部會，指派代表與會。我清楚記得當筆者把我國實施社會役的優點報告後，除國防部代表外，其他各部會代表幾乎無不熱烈支持！而國防部指派的二位代表，一位是人力司司長楚慶中將，雖不否認社會役的優點，但仍持反對立場。主要反對理由是兵源不足，而另一位參謀本部的少將代表，則以台灣安全考量，只要中共不放棄武力威脅一天，即無實施社會役之客觀環境。該次說明會結果因國防部的反對而無任何具體成效！但是，不少立法委員卻由青輔會獲得了本報告的複本，社會役的優點也逐漸廣為周知。日後立法委員周荃也召開過二次的公聽會，邀請筆者出席，但國防部代表的發言立場並無絲毫改變。看樣子我國實施社會役的機會完全繫乎國防部的支持與否而定。其實這也不稀奇。當初歐洲各國實施社會役前，遭到最大阻力即是軍方，所以軍方自始會反對社會役，筆者心中早有準備了！

第二節　峰迴路轉──國軍精實案副作用「役男大塞車」的動因

自民國八十二年底至八十七年初，在國防部聲稱「兵源不足」聲中，國軍的「精實案」突宣告完成。國軍人數由四十七萬人逐漸縮減到四十萬人。李登輝總統特別頒贈象徵中華民國軍人最高榮譽的「青天白日勳章」予主導精實案的國防部長蔣仲苓及參謀總長羅本立上將。但事先並無徵兆的精實案，也產生了一個副作用──「兵源過剩」。國軍各訓練中心並無空間可容納這些新兵，故只有靠「緩召」一途。自民國八十七年起，每年無法如期入伍的役男即達三成，達三萬至四萬人之譜。循環下來，一年後的民國八十八年，更達到九萬人之多，「大塞車」的嚴重，成為各媒體的焦點新聞，役男幾乎全部會延攔入伍。

「役男超額」已根本上解決了國防部反對我國實施替代役的依據後，民國八十七年三月三日立法院一場質詢，改變了社會役「塵封」的命運！

三月三日立法委員丁守中博士，這位筆者好友的戰略、危機處理專家，在質詢國防部長蔣仲苓，提出了「既然役男已經超額，國防部反不反對將過剩役男投到社會役來運用」時，蔣部長提出了「三不原則」為前提，也就是給予「只要在『不影響兵源、不降低兵員素質及不違反兵役公平』的前提下，國防

部樂觀其成，並不反對」的答覆。當天行政院長蕭萬長也明白
表示「政府願意成立專案小組，邀集各相關部會進行專案研
究」。丁守中委員質詢和蔣部長、蕭院長的善意回應，無疑的
使社會役起死回生。但更關鍵性的一個推力，來自內政部長黃
主文的宣示：「內政部願全力配合實施社會役」，黃部長更是
誇下海口：「要在一年內完成社會役的規劃方案」！在這股樂
觀的氣氛下，三個月內，立法院簡錫堦委員成立一個民間的
「推動社會役委員會」，印行宣導手冊，熱心的向社會大眾推介
此劃時代的役政改革。同時又有王雪峰等各黨派委員十五人次
的發言就社會役提出質詢，幾乎完全贊成我國應及早實施社會
役。因此社會役成為朝野政黨的共識，社會役這隻「烏鴉」也
在一瞬間飛上了枝頭，成了鳳凰了！

第三節　社會役的初期規劃情形

　　內政部黃主文部長對社會役的推動，並不以官場因循陋習
來馬虎應付。反而是指示內政部役政司司長鍾台利先生全力配
合。鍾司長也幾乎立即到中央研究院來拜訪筆者，希望筆者提
供意見及資訊，同時調派司內的能手，組成一個專案推動小
組。這個小組在信義路一個臨時租賃而來的小辦公室內，收
集、分析各國相關資訊，埋首作業，很快的就進入了狀況。下
面便是關於社會役制度的規劃幾個重大的進展。

一、派遣赴歐洲考察團及決定實施此制度的政策確定

　　歐洲是世界上最早，且迄今仍在實施社會役的地區。所以在本書第四章第三節的結論中，即建議政府派員赴歐洲幾個實施社會役最成功的國家——例如德國及法國進行考察。這個建議獲得政府的採納。

　　民國八十七年八月十八日，由政務委員蔡兆陽率領的行政院考察團啟程赴德國、法國、奧地利及瑞典進行考察，成員包括負責役政的內政部役政司司長鍾台利、負責國軍人力規劃的國防部人力司司長周康生中將等八位政府人員，筆者亦隨團充作顧問。此行對於該四國相關制度，特別是德國的社會役總署，都前往拜訪，獲得不少有用的資訊。因此返國後所作的訪問報告顯然堅定了行政院實施社會役的決心。繼內政部黃主文部長在八十七年九月十六日的政策宣布：「我國將於公元二千年實施兵役替代役」，二日後的九月十八日行政院蕭萬長院長在立法院內答覆王雪峰委員的質詢時，也明白表示：「決定交由內政部於二年內規劃完成社會役並付諸實施」。至此，我國實施社會役的政策，終於拍板定案。

二、專案小組的成立

　　行政院蕭院長在九月十八日作出實施社會役的政策宣示後

一週（九月二十五日），內政部便召開一個「我國實施兵役替代役專案小組成立專案籌備會議」，會議決定成立一個為數三十人的專案小組，負責建立社會役的規劃事項。本小組設六位委員，分由內政部役政司司長、國防部人力司司長及台灣省、台北市及高雄市兵役處處長及本人擔任之，其餘二十餘位組員都由上述委員所轄單位調派而來。在極高昂的士氣及工作熱誠，本小組迅速進行了下述工作。

（一）規劃進度

　　本小組對社會役之規劃進度，參見**圖5-1**。

　　圖5-1 理論上符合實施此新制所需的時間進度。但專案小組在第一階段，亦即八十八年三月將計畫草案呈報行政院後，卻未能立刻獲得院方的全力配合，以至於直到八十八年七月，行政院才開始實質審查本制的計畫草案。八十八年四月原按計畫應成立的指導委員會及專責機構——即役政署——成立籌備處工作，皆未進行。行政院遲未動作的理由是「政府再造」工程尚未完成，同時基於政府精簡的方針，不願意另外設立機構也。本制度實施也涉及許多法令的更改，據統計有一百零七種之多（包括法律十二種、法規命令六十六種及行政規則二十九種），行政院也未能按照進度表督促。待八十八年七月行政院進行第一次審查會議時，大家皆已感到時間的壓力了！

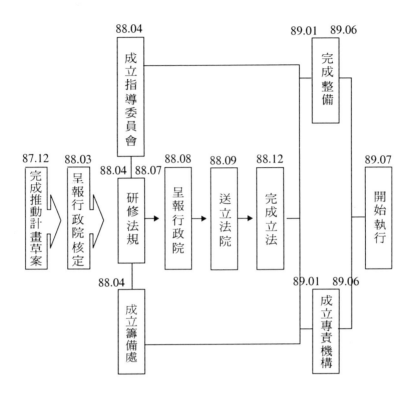

圖5-1　我國之社會役規劃進度

（二）役男人力資源供需的統計

　　同時，專案小組向各省市政府役政單位調查，預判出民國八十九年至九十三年的可徵役男約如下：

　　1.民國八十九年可徵役男人數約十五萬零一百六十五人。

　　2.民國九十年可徵役男人數約十五萬一千五百九十一人。

3. 民國九十一年可徵役男人數約十四萬八千三百四十九
　　人。

4. 民國九十二年可徵役男人數約十四萬二千八百九十五
　　人。

5. 民國九十三年可徵役男人數約十四萬一千二百人。

　　國軍兵員補充需求人數，經專案小組向國防部詢問，並獲
得國防部書面函知，預計每年約十二萬人，經與可徵役男人數
比較，每年常備役溢額約三萬人。

　　另外，如果將目前兵役體位檢定標準加以調整，則有不少
被判為不適服兵役的丙種體位的役男，實際上仍可服社會役。
此新規劃出來的所謂「替代役體位」，每年約有五千名役男。
合計起來，每年可服替代役的役男人數約三萬五千人。

　　上述預判兵役役男、國軍需員及可供社會役役男的數據，
雖只是粗估，但不失是一個極有價值的數據。此數據表明了我
國實施社會役至少在「人力資源」方面，並不虞困絀匱乏！

（三）社會役的種類

　　在初步規劃時，本小組參酌世界各實施社會役國家的體
制，決定了以下四大類的社會役：

　1. 科技建設類

　　　‧國防科技役：以從事國防科技研發及軍需生產等為
　　　　主。這是將目前實施的國防科技役（六年）納入，屬

半義務、半職業性質。

　‧一般科技役：以從事科技研究發展為主（含儀器操作、系統維護、科技行政及交通部之交通工程輔助勤務等）。

2.公共安全類

　‧警察役：警大、警專招收未役役男，畢業後擔任正規警察、消防人員。這也是延續目前的制度，應不能視為替代役。役男可擔任補充機動保安警力及警察輔助勤務（含法務部之矯正戒護人力及代訓教育部之駐校警衛）。

　‧消防役（義務役）：擔任救災、傷病患救助等輔助勤務。

3.公共衛生類

　‧衛生醫療役：山地離島偏遠地區醫事服務、防疫、食品衛生之稽查、保健等輔助勤務。

　‧環保役：環保稽查員、檢驗員、資源回收員、輻射建築物偵檢員等輔助勤務。

4.社會服務類

　‧社會福利役：擔任老年及身心障礙者之居家照顧（護）及機構照顧等輔助勤務。

　‧公共服務役：包括教育部之協助掃除文盲、輔導輟學生、協理員等輔助勤務；外交部之海外醫療護理、農漁及工藝技術等輔助勤務；內政部民政司之古蹟清

潔、維護、巡守及導覽解說等輔助勤務；體育委員會
之體育輔助勤務、奧亞運選手及各級政府主管之一般
行政輔助勤務等。

上述的一般科技役及社會福利役的福利機構，都是增進政
府公共服務能力為目的，故在實施初期，為避免浮濫或圖利民
間團體或私人，役男將在各級政府機關及公立福利機構內服役
為限。

結果，綜合各機構的所需名額，民國八十九年至九十三年
社會役所需人數參見**表5-1**。

上述四大類別包羅萬象，且不免會發生以下幾個大問題：

■制度的消化問題

我國初行社會役，一切都在嘗試摸索之中，由「無」到
「有」的階段中，不僅役男的心態、用人機關的指揮、管理、
社會心理的價值判斷……，無一不在學習之中。一開始能否就
投入三萬五千人次的役男在此全新的制度之中，恐怕並不可
行！以德國為例，德國在一九六一年四月十日第一批役男入伍

表5-1　我國八十九年至九十三年社會役所需人數

89年	27,559 人
90年	29,543 人
91年	33,649 人
92年	36,568 人
93年	40,470 人

時,才三百四十人之多。十年後的一九七一年才增加到五千六百人。到一九八〇年才達到三萬人的規模,距離社會役實施已有二十年之久。我國一開始就要大規模的二萬七千人之多,各機關及役男,能否真正「消化」此制度之精髓?筆者是絕對不敢樂觀的!因此,筆者多次在幕僚小組中建議,開始初期人數應該儘量減少。除了警察役及消防役的役男,編入警察及消防單位,其紀律、工作性質、訓練、生活管理,已有一套既成的規章,比較無須令人費心外,其他類別的社會役,即困難重重。故筆者認為初期二、三年內,我國招收的社會役役男每年最多不應超過五千名。希望此「小而美」的社會役制度可以一開辦就獲得輝煌的成果,日後在此好的基礎上,再逐漸成長人數,方為上策,切忌好高騖遠,變成一個沙灘上的巨屋!

■社會役的公益性質

社會役是役男在非軍事領域外貢獻青春及精力給國家的替代役,因此是有明白的公益導向。其他三種役別的社會役,並不存在此疑慮,但在「科技役」,尤其是一般科技役便會出現此問題。按科技役是網羅優秀、擁有科技專長的役男,使之進入科研單位,俾使其專才不會被荒廢浪費,是一個立意頗佳的考量。而到底許可入哪些科研單位?實施此制最成功的法國並不限於政府機關。而我國政府的科研機關除公立大學外,亦不多,而民間大公司也極歡迎科技役男的加入,因此,一般科技役似乎普遍被認為可在私人科研單位服役。中央研究院有六十一位院士連署支持科技役,也本於此看法。但社會上也興起一

股質疑此制度公平性的聲音。很明顯的，一旦私人企業及科研機關可以招募或接受役男服役，當然會有層出不窮的流弊，尤其是人情氾濫的我國社會。「不公平」、「放水」及「假公濟私」……，必會侵蝕此制度的公平性！

　　因此，筆者認為科技役目前暫不必實施，等到社會役制度成立運作一段時間後，才考慮實行。同時役男將只派往公立科研單位為限。

　　■需才機構「接納能量」的質疑

　　社會役役男派赴各需才機構內服務，原則上必須集中住宿與集中管理。所以服務機關必須安排住宿、三餐供應及娛樂設施。此情形正像服兵役役男住在營房中一樣。同時，社會役絕對不是「二等役男」，必須有極尊嚴的工作及生活環境。吾人只要參照德國規定每個役男至少有一定面積的寢室，即可得知矣。專案小組向各政府機關單位詢問所需役男名額的回報數據中，馬上可以看到這些需才單位並未仔細考量上述役男「生存空間」的問題。筆者很難相信這些機構在提出「需求名額」前已實地勘察過日後役男的服務及安身之處！隨便舉一個例子，回報在「各級政府擔任一般行政輔助勤務」（類似「工友」之工作），這五年都提報一萬名。我們很難想像這一萬個「準工友」要住在何處？各政府機構內可以再挪出共一萬個房間及床位？環保役提報二千名需要，其情況也類似，到底環保署有無行文各縣市環保局，請求他們提供住處？其答案恐怕也是否定！所以，各需才機構有沒有指派專門人員、編列預算，好好

安排役男服役，才是關涉日後社會役成功與否的一個重大關鍵。

　　為了使社會役的體制能夠「先小後大」，行政院院長蕭萬長便在八十八年四月二十三日作出重大的政策裁示，指示先期規劃以二萬人為限，亦即第一年先開放一萬名役男服社會役。而社會役役別也分成：⑴社會治安類──包括警察役及消防役（包括在監所服勤的矯正役）；及⑵社會服務類──包括社會役（照料獨居老人、醫療機構之服務等）與環保役……等兩大類別。

　　吾人比照一下此兩大類（包含四種役）與先前的四大類（包含八種役），行政院宣示的新社會役已刪除科技建設類（二役），並部分刪除社會服務類之「公共服務役」的內容。就「新制伊始」的考量，這種謹慎的態度，也是一種腳踏實地負責的表現。

（四）社會役役期的長短

　　社會役因為性質與兵役不同，比較起來至少在「危險性」方面，社會役比起兵役少得許多；另外，兵役役男具有軍人身分，必須接受嚴厲的軍法、軍事審判之拘束，且必須住在營區，幾乎全天都在服役；反之，社會役的執勤時間每日為八小時，和一般公務員無異。退伍後，兵役役男仍須接受點召、教育召集等訓練，社會役役男編入民防隊，除遇有地震、瘟疫及颱風等天災可動員外，並無點召、教育召集之問題。因此社會

役的役期應該比兵役長，當是一個合理可行的原則。

　　為此，內政部專案小組最早一開始在設計社會役役期時，便在以兵役維持兩年的前提下，服社會役者為兩年半；替代役體位者，為兩年；至於基於宗教信仰服社會役者，為三年。後來著眼於警察及消防工作亦極危險及繁重，故在專案小組最後定稿時（八十八年六月），將警察及消防役役期訂為二年，其餘社會役及環保役也改為二年二個月，其餘役則維持不變。這種設計原將社會役役期比兵役多半年（或二個月），出發點是正確的，但若只有二個月的役期差距，似乎並不具有太大的意義。至於對基於宗教信仰因素，而規定役期為三年，立法目的乃在於希望避免役男會假借宗教理由來選擇服社會役。

　　上述專案小組對於社會役役期的設計，不能不一併考慮服役類別的決定方式。易言之，役男是否有選擇服兵役或服社會役的「選擇權」？這是專案小組所遇見最大的難題！這個難題已會動搖原本對社會役役期的設計。

（五）役男服社會役或兵役的決定權

　　專案小組在規劃社會役的役期時，討論到究竟是否給予役男「役別選擇權」的問題時，立場可以分成兩派。採贊成者，例如筆者，便認為應該尊重役男服兵役及社會役的意願。假如役男願選擇社會役的超過規劃名額，則依抽籤決定之。若不採此制，一律先抽籤決定服兵役或社會役，一則不能尊重部分原本有服兵役之役男的意願；二來大張旗鼓的就全體十五萬役男

抽籤，若兩者役期一樣，或相差無幾時，試想，十五萬役男把抽中社會役籤，視為上上籤，而絕大多數未能抽到上上籤者，日後服兵役時的心理豈不會受影響？更何況想利用此方式將社會役納入兵役之內，來勉強作出滿足人民服兵役之法定義務的結論，都在法理上與邏輯上站不住腳。同時，將具有宗教理由而願意服社會役者，規定役期為三年，已經明顯的含有「制裁」的意味，嚴格講起，亦有違反憲法保障宗教自由的疑慮。為何不能將這種役男納入一般服社會役的範疇？所以，筆者極力反對不賦予役男服役選擇權。但是，持反對立場者（主要是國防部），占了大多數。有基於便宜行事的角度，認為全體役男一律公開抽籤，在抽兵種時（陸、海、空軍），一併抽兵役或社會役籤，故既省事，也符合「公平原則」。而國防部的立場是擔心役男多半會選擇服較輕鬆、較不危險的社會役。出於這種考量後，當然會導出一個結論，即是採抽籤一途！然後，再導出一個結論：既然服社會役是抽籤的結果，那麼役期也必須和兵役一樣，都是兩年。

　　由上述的邏輯推論及二度結論，我們可以清楚的看出：(1)國防部對役男選擇服兵役的意願，並沒有足夠的信心；(2)這種抽籤強迫服社會役，若有青年志在從軍報國時即不能如願。所以強迫這種願服兵役之青年服社會役，歐洲各國卻無一國家採行此制度！

　　專案小組在八十八年七月提交給行政院的推動計畫，遂採折衷方式：一方面採「一律」抽籤的方式，但將社會役的役期

訂為二年二個月。

第四節　行政院的規劃決定

一、關於社會役役期及服役類別的決定方式

　　本來依專案小組的設計，可望在八十八年四月由行政院組成一個高層的「指導委員會」，作為全盤指揮本制度規劃的一切事宜。但此委員會一直沒有成立。迨七月，行政院為審核專案小組所呈送的推動計畫，遂成立一個由行政院副院長劉兆玄為主任委員，內政部黃主文部長、國防部唐飛部長為副主任委員，並主要是由相關部會首長等二十人組成一個「行政院兵役替代役推動委員會」，筆者亦為成員之一。八十八年七月十六日起開始第一次審議規劃草案。當日決議主要是確認社會役應視同兵役之一環，其役男由國防部代訓。其次，在國防部意見的主導下，也決定縮短社會役二年二個月的役期，使社會役應比照兵役役期為二年，其理由是既然役男服何種役別是依抽籤決定，故役期應一致，以示公平。

　　七月十六日的會議，由於日期決定倉促，筆者正出國無法趕回，且未能事先知悉議程內容，以便提出書面意見。筆者確信社會役役期的長短及不採志願制而採抽籤制將「崩壞」此制

度之精神，故這種問題極重要。為了亡羊補牢，使本委員會能夠及時挽回錯誤不妥的決議，筆者遂於第二次會議（八月六日）提請再議。為了使與會委員了解社會役與兵役應有不同的設計，筆者特別提出下列二份報告：

（一）各國社會役役期與兵役役期的比較（見**表5-2**）

在一九九九年年初為止，據統計，目前歐洲共有二十三個國家實施社會役。另外有二個已實施社會役的國家——荷蘭及法國，則因改行募兵制，已退出社會役國家行列。另外還有兩國——俄羅斯共和國及Belarus已著手擬議成立此制，故可列入「候補行列」。另外Lettland則承認人民可拒絕服兵役，但尚未實施社會役，故亦可列入「準候補」行列。

而實施社會役的二十三個國家中，社會役原則上皆較兵役役期為長，其情形如下：

1.同等長者：目前僅有丹麥、義大利、Slowenien、葡萄牙等四國（德國在一九七三年前亦採此制）。

2.輕度稍長者（多三分之一，或未足一半者）：德國、Eastland、Kroatien、Moldawien、挪威、奧地利、瑞典等，共七國。

3.中度稍長者（至少長一半以上者）：立陶宛、瑞士、西班牙、捷克、波蘭、匈牙利等六國。

4.高度稍長者（長一倍）：法國（過去之例子）、希臘、

表5-2　實施社會役國家之兵役與社會役役期比較簡表

	國家	兵役期間	社會役期間
1	保加利亞	十二個月	三十六個月
2	丹麥	十至十二個月（陸軍） 四至九個月（海軍） 四至七個月（空軍）	依原兵役役別的役期
3	伊士蘭（Eastland）	八至十二個月	九至十五個月
4	Kroatien	十個月	（和平時期方可）十五個月
5	立陶宛	十二個月	十八個月
6	Moldawien	十八個月	二十四個月（即將完成立法）
7	挪威	九至十二個月	十六至十八個月
8	波蘭	十八個月（正擬議刪到十五個月）	二十四個月
9	羅馬尼亞	十二個月	二十四個月
10	俄羅斯	二十四個月	正在擬議中
11	斯洛伐克	十二個月	二十四個月
12	Slowenien	七個月	七個月
13	烏克蘭	十八個月	三十六個月
14	Belarus	（大專兵）十二個月 （非大專兵）十八個月	正擬議中
15	希臘	十八個月（陸軍） 二十一個月（海軍） 二十個月（空軍）	較兵役役別多十八個月 勤務役則多十二個月
16	瑞士	三百天	四百五十天
17	德國	十個月	十三個月 二年（海外服務）
18	奧地利	八個月	十個月（視工作繁重與否） 十二個月（赴國外服務）
19	芬蘭	二百四十天（陸軍） 二百八十五天（海軍） 三百三十天（空軍） （戰時不可轉服社會役）	三百九十五天 三百三十天（後勤役）
20	義大利	十個月（士兵） 預備軍官（一年三個月）	十個月（同兵役）
21	葡萄牙	七個月（陸軍） 十個月（海軍）	七個月

（續）表5-2　實施社會役國家之兵役與社會役役期比較簡表

	國家	兵役期間	社會役期間
		四個月（空軍）	
22	西班牙	九個月	十三個月
23	捷克	一年（戰時不可轉服社會役）	一年六個月
24	匈牙利	十二個月	十八個月
25	瑞典	七個月至十五個月（陸軍） 八個半月至十七個半月（海軍） 七個月至十二個月（空軍）	三百五十五天至三百八十天 二年（國外服務）
26	比利時（一九九四年前之制度）	十個月（戰時不可轉服社會役）	十五個月至二十四個月 （二十二個月開發中國家服務）
27	法國（已不實行）	十個月（至二○○二年完全改為募兵制）	二十個月 十六個月（海外）
28	荷蘭（目前未繼續實施）	十二個月	十六個月

　　羅馬尼亞、斯洛伐克、烏克蘭、芬蘭等六國。

　　5.最嚴格較長者（二倍以上）：保加利亞（二倍）。

　　故社會役役期應該至少比兵役役期長一半至一倍不等，應是歐洲各國的通例。

　　惟吾人亦不可忽略一點，歐洲各國兵役役期皆較吾國二年為短。上述二十三個國家中（兵役役期以陸軍為例），並無一國超過或是剛好二年者（而達此標準者僅俄羅斯一國，迄今仍未實施社會役）。一年以上者僅有Moldawien、波蘭、烏克蘭及部分軍種之瑞典等四國。

　　因此，十九個國家的兵役役期多在一年以下，故其社會役役期儘管比兵役長一倍，亦多半在二年以下。

　　因此，基於「服役正義」（Wehrgerechtigkeit），吾人可以導出一個結論：社會役役期不能與兵役一樣。

（二）社會役一定要比兵役長，已是此社會役重要的表徵之一

　　如此一來，將可以增強役男選擇兵役的意願。但是，似乎「疑者自疑，信者自信」，筆者多次的努力，皆無法釋國防部之疑。為了「堅定」國防部對較短兵役役期的制度絕對對役男會產生明顯「吸引力」的信心，筆者特地設計了一個問卷，在台北市兵役處處長黃雲生熱心的協助下，針對當時正在進行三天徵兵體檢的役男，共一千七百五十八人，作了一份役男選擇兵役或社會役主觀意向調查表（見**表5-3**），以實證方式，檢證社會役較長的役期（與相配套的可行制度），來了解役男的選擇意向。這份問卷也是國內首次較有系統的比較役男「服務意願」的問卷，由於出於被問者的自由意志，故其結果也當具有指標作用。

　　由表5-3的結果，可以顯示出下列幾個極重要的結論：

　　第一，由表5-3對於台北市役男最近的意向分析顯示，役男服社會役或兵役的主觀意向，絕對是受到社會役制度設計的直接影響。如果兵役與社會役的條件（期限及立即入伍）一樣，接近七成的役男會選擇服社會役。由此可導出一個結論：

　　　　如果硬性將服社會役機會一律靠抽籤決定，將違反三
　　成原本即選擇兵役役男的報國意志。另外七成役男也違反

表5-3　社會役意向與制度規劃調查統計資料表

一、調查說明

　　㈠調查日期：88年8月3.4.5.日

　　㈡調查對象：本市信義、中正、文山區參加體檢役男

　　㈢調查地點：台北市徵兵檢查場（台北市羅斯福路四段九十二號
　　　　十樓）

　　㈣調查方式：參加徵兵檢查役男普查

　　㈤調查人數：1,758人

　　㈥問卷設計：陳新民教授

二、調查統計（註：下列百分比將以全體役男總數為分母計算）

　　㈠個人基本資料——學歷：國中85人　高中（職）879人

　　　大學658人　碩士以上126人　未填10人

　　㈠問答題

　　　1.假如要您選擇服兩年的社會役或兵役，您願意挑選哪一種？

　　　　兵役542人（30.83%）　社會役1216人（69.17%）

　　　2.假如您選擇是服社會役者，請您再繼續回答下列的問題（上題
　　　　如選擇服兵役者請不必作答）：

　　　　⑴如果服社會役的役期要比服兵役的兩年役期超過半年，也
　　　　　就是您必須要服兩年半的社會役，請問您願否繼續選擇社
　　　　　會役？

　　　　　願意789人（44.88%）　不願意421人（23.95%）

　　　　　未填6人（0.34%）

　　　　⑵如果服社會役的役期要比服兵役的兩年役期超過一年，也
　　　　　就是您必須要服三年的社會役，請問您願否繼續選擇社會
　　　　　役？

　　　　　願意320人（18.20%）　不願意888人（50.51%）

（續）表5-3　社會役意向與制度規劃調查統計資料表

未填<u>8</u>人（0.46%）

⑶如果服社會役，當年的名額有限，必須靠抽籤決定，如未
抽中必須等待一或二年才有服社會役的機會，如社會役與
兵役役期一樣長，請問您願不願意繼續選擇服社會役？

願意<u>741</u>人（42.15%）　不願意<u>471</u>人（26.79%）

未填<u>4</u>人（0.23%）

⑷和上題有關的，如社會役役期較兵役長半年時，您的選擇
如何？

願意等待服社會役<u>629</u>人（35.78%）

不願意<u>578</u>人（32.88%）　未填<u>9</u>人（0.51%）

⑸和上題有關的，如社會役役期較兵役長一年時，您的選擇
又如何？

願意等待服社會役<u>288</u>人（16.38%）

不願意<u>920</u>人（52.33%）　未填<u>8</u>人（0.46%）

3.如您選擇社會役後，發現社會役的工作是擔任負責清潔垃圾的
環保隊員或者是到醫院為病人清理廁所等工作時，您是否仍
然願意選擇社會役？

是，不後悔<u>894</u>人（50.85%）

當初應該選擇兵役<u>319</u>人（18.15%）　未填<u>3</u>人（0.17%）

4.如您可以代表役男的心聲，且體認社會役的工作也十分的繁
重，並無摸魚的機會，您認為合理的社會役役期應該是多
久？

與兵役一樣兩年<u>948</u>人（53.92%）　兩年半<u>166</u>人（9.44%）

三年<u>16</u>人（0.91%）　無意見<u>81</u>人（4.61%）

未填<u>3</u>人（0.17%）　其他<u>2</u>人（0.11%）

其不願入伍服兵役的意願，故絕非善策！

　　第二，如果將社會役的役期比兵役延長半年，或一年時，則選擇社會役的比例，即由七成降至四成四與一成八。這是一個極為值得重視的數據。

　　再加上，即使採抽籤決定社會役役男能否在當年入伍，抽不中者，必須再等一、二年才入伍之制度時——例如德國，也會使役男服社會役的意願降低，本次調查顯示上述七成的役男，在三年役期與可能等待一年入伍時，則服社會役的意願只降到一成六。

　　第三，役男選擇服社會役，往往基於錯誤的認知，以為可以輕鬆、安全的度過二年的時光，當他們知道社會役可能會接觸不清潔或不很愉快的工作時，則將近有四分之一的役男會打退堂鼓。這個二成五的比例，可以作為輔助制度設計的參考。

　　以我國目前役男人數的預判（每年約十五萬），及國軍對役男的需求（約十二萬），每年役男溢額為三萬人，約占25％左右。如果再加上「因工作性質的打退堂鼓因素，約四分之一」，我國設計的制度，以上述的選樣，則：

1. 社會役役期二年半（及萬一申請人數過多時必須抽籤決定入伍時間），有意願役男為六百二十九人，占全部役男（一千七百五十八人）之35％，雖然剩下的願服兵役人數不能滿足國防部之需求，但這些選擇社會役者了解工作性質後可能打退堂鼓（約四分之一），故人數會減

少。

2.社會役役期三年，有意願役男為三百二十人，占全部役
　男之18.2%，又人數太少，不能消化過多之役男。

　　因此，折衷之計應該是採二年半的役期，人數較少也符合
本制度剛實施的不嫻熟階段，待制度上軌道，再考慮縮短二年
半的役期為二年三個月……，以逐漸吸引役男服社會役，否
則，將社會役役期訂為與兵役一般，無疑是鼓勵役男選擇社會
役，然後再靠抽籤「潑其冷水」，此役期一致的制度正猶同給
役男「誘餌」，絕不是正確之制。在此我們可再舉一個德國的
例子來證明。德國在一九八四年時社會役役期由十六個月延長
到二十個月，當年申請服社會役役男的人數立刻由前一年的六
萬六千人減為四萬四千人，減少率達三分之一。可見得役男對
役期的長短是有切身利害關係、是極為敏感的。中外青年皆同
此心態。所以決定役期長短絕不可以閉門造車，應該合科學性
及邏輯性。況社會役訂為二年半，正可以將具有宗教理由而選
擇服社會役者納入，豈不免除了我國可能侵犯宗教自由的危
險？

　　筆者提出上述二表及說明後，幸虧劉兆玄副院長察覺出本
問題的嚴重性，故裁示留待下次會議（九月九日召開）再予討
論，使得本項攸關全國社會役役男權益及「服役正義」的議
題，獲得再度反省的機會。

二、專案小組的決定

　　民國八十八年九月九日行政院召開第三次兵役替代役推動委員會。本次會議是關涉我國實行兵役替代役的一個具有決定性的會議。在廣泛及激烈的討論後，會中作出了幾個重要決議：

（一）關於尊重社會役役男的選擇意願問題

　　儘管國防部一直持反對役男有選擇服兵役或社會役的意願，力主一律抽籤決定服社會役或兵役，且服何軍種也一併抽籤決定，以節省人力、時間。但筆者一再發言指出，現在大學聯招都有繳交志願表，開始一次選幾十種學校、科系，電腦作業的科技已十分進步，役男在收到徵兵體檢通知書後，可一併寄出意願書，主管單位即可迅速掌握全國役男的志向，計算出服兵役及社會役之人數。倘願服社會役的役男人數過多時，才抽籤決定，也符合公平原則……。最後，曾擔任過大學校長的主席劉兆玄副院長決定採筆者見解，決定先徵詢役男意見，如超額才以抽籤決定。這個開明的決議可以契合社會役的本質，值得稱許。

（二）關於社會役的役期

　　筆者仍在會中堅持社會役役期應較兵役長才合理、公平。

並且明白表示，如果目前國防部為疏解役男入伍塞車問題，決定提前兩個月退伍，以後應該形成制度，不可入伍塞車問題解決後，又恢復二年的役期。因此，在兵役役期改為一年十個月的前提下，社會役的役期應為兩年半才合理。但是筆者的見解未能獲得採納，其理由略為：社會役的工作可能各有勞逸，和兵役一樣，故無理由延長役期；服兵役者在退伍後雖仍有點召及教育召集之義務，服社會役者則否，但後備軍人獲徵召者極少，故亦構不成延長役期的理由。所以，本次會議決定，社會役役期定為兩年，相差兵役役期僅二個月而已！筆者無法贊同這個看法，僅僅二個月的差別並非「合理的差距」，恐將「誘使」更多的役男選擇社會役。何況，本次會議未提及宗教因素的社會役是否亦為兩年，或三年？如採三年任期顯然有制裁宗教之意，本書前已提及，即有違憲之虞也！筆者再三表明，這個延長社會役役期的目的在「幫」國防部，使役男全優先選擇兵役。但國防部「不動如山」，並不「心領」此番的好意！本人也真的領教到國防部的頑固！假如我國一旦實行社會役，且役期僅較兵役長二個月，結果造成絕大多數的役男選擇服社會役，而排斥服兵役時，希望國防部屆時能嚴肅的自我反省，是否當初「意必固我」的心態才會造成自食今日的惡果？

（三）服社會役之人數及役別

　　本次會議討論了民國八十九年七月第一批實施社會役的人數，依主管機關提具的各機關人數，第一個半年（八十九年七

月至十二月），共需七千五百二十一人，已超過預計的五千人。其中消防署需求二千九百零二人最多，警政署需一千六百九十二人居次，教育部需一百人居第三位。會議決定仍以五千人為上限，由前述三個需人最多的機關優先裁減。需才機關一共有十個，即警政署、消防署、內政部社會司、法務部、經濟部、教育部、環保署、衛生署、農委會及原住民委員會等。由上述需才機關可知，我國實施的正是廣義的替代役，而非狹意的替代役——社會役。

按替代役分廣義、狹義兩種。廣義的替代役包括警察役、消防役及其他履行公任務方面的役別。狹義的社會役則專指促進社會福利、環境保護及醫療服務……等等的服役而言。由本書討論各國的社會役制度可知，歐洲各國都將重心置於狹義的社會役方面，也就是將役男投入提高國民醫療服務、社會福利水準的領域，而不是補充國家治安警力不足之處。但我國顯然正反其道而行！我們可以上述各機關的需才情形，推測出我國首批服替代役的役別，即可證明我國實施替代役的主要目的何在！

十個機關中屬於廣義的替代役者，如警察役（警政署）、消防役（消防署）、監獄管理員（法務部）、各級學校之校警（教育部）等四個役別，人數六千二百九十四人即占全體七千五百二十一人之八成三左右。至於屬於狹義的社會役之負責社會服務的社工人員（社會司二百八十八人）、環保人員（環保署二百人）、水資源保護（經濟部二百七十人）、衛生醫療人員

（一百人）、農業環保人員（農委會二百七十人）及原住民服務
（原住民委員會九十九人），顯然只占一成六。如果吾人比較德
國社會役的役別人數（本書第二章表2-4），可知道德國社會役
中負責「照料勤務」的人數最多，以一九九七年為例，共有九
萬六千人，占全體社會役役男的53％。如果加上對重殘障者
的服務（占4.4％）、到府服務病重、殘障者（占9.1％）及病
患運送（占5.7％），直接投入醫療及社工服務的役男為全體社
會役的七成三（72.2％）。而德國每年服警察役者不過八千至
一萬人之多，服民防役者二萬餘人，所以社會役的重心應放在
社服性質，而非補治安警力的不足。由上述首批役男中服「真
正」的社會役，例如內政部社會司的社服人員僅二百八十八
人，占全體的比重3％而已，我國實施社會役已經變質。如和
歐洲社會役制度的精神相比較，幾乎只有表面上的意義，看不
出本制度有什麼值得大肆宣揚，也就是欠缺為社會「盡大愛」
的開創、人道精神！

　　雖然九月九日專案小組所作的決議，劉兆玄副院長一再宣
稱只是「暫定」，表明可能到最後一刻都會有改變。但筆者相
信這可能已是「接近定案」的版本。故吾人只能將希望繫於立
法院，期待立法院能夠蓄積民間智慧及理解社會役的本質，為
我國社會役法制從一開始就奠立一個健康、正確的基礎。

（四）預算編列

　　另外，本次專案小組會議也決定對社會役的預算，由需才

機關自行編列，而非比照服兵役之預算，由國家編在國防部的
預算下。如此一來，各機關的「本位主義」現象便出現了。有
些機關本以為社會役役男的經費由中央編列，故自己機關可以
不花一文錢，就可以白白有役男來服務，故對提報需才人數
時，都「多多益善」。舉上述統計需才十機關中，人數最多的
消防署需才二千九百零二人，但開會時，消防署代表也發言，
若須由用人機關（各縣市消防局）編列預算時，該署需才意願
即降至八十五人。同一天會議剛開始時，消防署提報二千九百
零二人需要名額時，一再表示全台灣各消防單位尚缺二千九百
零二個空缺，急需補實。否則往往一個城鎮有十餘、二十萬人
口，卻只有消防隊員四、五人，無法勝任救火任務！但一旦要
自己編列預算時，剛才提到的「需員孔急」的狀況就消失了！
我們有理由相信，環保署及內政部社會司的只提報如此少量的
役男需求，也是預料要自己編列預算，才會各提報二百餘人的
需求。

　　如果吾人把社會役比照兵役制度，可知社會役的工作是
「中央行政」。社會役男的統一分配、紀律懲處及主管機關都應
該是一個中央級的主管官署，例如新成立的內政部役政署。因
此，即使一個社會役役男不論是在環保署，或在原住民委員會
所屬單位執勤，其薪俸亦由該中央主管機關（透過服務單位）
支付之。所以，所有社會役役男的待遇應該統一的編在中央主
管官署之下，正如同兵役役男之待遇於國防部的預算之內一
樣。但行政院囿於所謂的「政府再造」及「行政精簡」政策，

不願成立一個新的主管社會役之機關，才會出現這種「各自謀食」的怪象。本人相信，這又是一個「割裂」社會役制度的措施。以後，各需才單位會將社會役役男當作各該單位的「財產」，不再會理會中央負責社會役官署的決定權！一句話以明之，社會役役男一入各使用單位後，中央主管機關就喪失了指揮或調派該役男的權限。須知，一個國家成功實行社會役制度所需要的「前提條件」：例如嚴格的紀律、中央主管機關考核使用機關有無濫用權職——例如苛待役男或賣人情放水，並給予制裁之權——例如吊銷往後調派役男至該機關服務之處罰，如果沒有滿足這些條件就實行社會役，則社會役的精神必會蕩然無存！這些嚴重的、有相互連帶關係的制度考量，可惜都未能獲得應有的重視！筆者可以堅定的認為，若無一個「強有力」的社會役主管機關，我國社會役制度一定不會成功！

三、「九二一」大地震的震撼

就在行政院專案小組預定再開一至二次會議即可結束我國實行社會役的政策討論時，台灣遭逢了嚴重的「九二一」大地震。行政院全力投入救災的行動，由於災情慘重，政府為重建必須花上動輒上千億的費用，國防部及內政部對受災戶的役男也採取提早退伍或列入國民兵的優待，使兵源略有影響。因此輿論一度傳出政府考慮延緩實行社會役。但這個傳言不到一天，就被內政部長黃主文澄清：政府如期實施替代役的決定不

變。行政院專案小組並決定在十月十一日繼續召開第四次專案會議。

「九二一」災難造成台灣史無前例的損失，不僅暴露出政府的消防、救災經驗、器材及訓練的不足，而人員的欠缺也極嚴重。此大地震將我國的民防制度「虛有其表」弊病，徹底的揭發出來。救災的人力除民間自願人員外，主要是靠國軍。國軍在災難發生後二週內，共派出二十萬人次的人力，平均每日約二萬名，國軍弟兄高度服從性及不眠不休的救災，贏得全民的感謝，的確功不可沒。不過，如果吾人以更前瞻的角度來觀察，不能不對這種救災方式表示憂慮。按此次的災區彷彿遭到戰火的浩劫一般，假如真的遭到戰爭損害時，國軍能否放下武器，每日調派二萬名官兵投入救災？答案當然是否定的。所以，我國必須即刻重新建立「實事求是」的民防團隊。社會役役男平日大多已有傷患急救、消防及其他的救助技能，而退伍後更可編入民防隊中。一旦國家遭遇戰爭，或類似的天災時，便可動員救災。這也是筆者在幕僚作業中一直反對將社會役役男賦予後備軍人的身分，也反對戰時將平日毫無軍事訓練的役男投入國防組織。連帶的，筆者也反對行政院專案小組將社會役役男委託國防部代訓的政策，因為由訓練新兵的單位及人員來訓練日後與國防、軍事無關的社會役役男，是無意義及達不到任何目的的浪費之舉！我們由電視看到國軍弟兄努力救災，但不論是器材（如利用徒手或簡單工具）十分簡陋，救災技術都十分生疏，假如我國早在三、五年前就實行社會役，如果一年

有一萬名役男服此社會役,則現在至少有一萬至三萬名訓練有素的民防隊員可動員投入此次救災,相信可挽救回更多災民的生命及健康。所以,為了台灣日後國防及不可預料的天然危機,我國絕對需要在平日就儲備「抗災」的技術及人力。限於財力,國家當然無法在平時就招募許多專職的救災人員,妥善訓練,運用社會役制度,正是解決此問題的不二法門。輿論上出現的「緩辦」社會役傳言,恐怕也是基於對社會役的誤解。我們十分高興行政院未被此傳言所誤導。

　　十月十一日行政院替代役專案小組第四次會議在一個小時內就議決了幾件政策性的議題後,便正式結束了此專案小組的任務。在此「閉幕會議」的四十分鐘內,共作出下列幾個重大的決定:

（一）名稱問題

　　我國實施之社會役將定名為「替代役」,不願採用強調在社會服務性質的「社會役」。行政院的決議使我國的社會役喪失了淵源自歐洲的良法美意!由名稱的認定,即可知我國社會役的「格局」,真「一葉知秋」矣!

（二）替代役仍視為兵役的一環

　　在筆者發言反對無效下,實行替代役的法源將是修改兵役法及兵役法施行法。社會役役男在受訓期間視為軍人,訓練完後列為後備軍人。而國防部將社會役役男視為「士兵役」之一

種。國防部這種構想，除了簡便外，亦認為替代役可藉此成為兵役之一種，而逃避違憲之命運。筆者的見解則認為，即使國防部想藉此方法，則替代役「遁入兵役法」，仍然逃脫不了違憲的命運。所以，吾人應該將替代役獨立立法，爾後再促請朝野黨派早日修憲。但筆者意見未能獲採納。同時，對於困擾國防部許久的「耶和華」證人會的信徒，此種意義的替代役，因在訓練中心的社會役役男仍具軍人身分，穿著軍服，所以該教派的教徒仍然會拒絕服役，故我們實施社會役原本可以「圓滿」解決這個問題，卻峰迴路轉的回到「原點」！可惜這個問題都沒有獲得應有的重視！

（三）負責社會役執行的中央機關

　　對於負責社會役執行的中央機關，本小組原則不反對成立一個專職機構，決議成立一個「內政部役政署成立規劃小組」先行規劃。如規劃完成，行政院再開會決定成立「籌備處」事宜。

（四）社會役實施時間

　　社會役實施的時間定為民國八十九年七月一日，如期舉行。

（五）首批入伍的服務機關及人數

　　會中也決定明年七月第一批入伍的服務機關及人數略為：

1.內政部警政署	1,700人
2.內政部消防署	830人
3.內政部社會司	400人
4.法務部（監獄矯正人員）	700人
5.經濟部（水資源局）	270人
6.教育部（校警）	700人
7.環保署	200人
8.衛生署	100人
9.原住民委員會	100人
合計	5,000人

（六）臨時動議

　　在會議結束前，劉兆玄副院長提出臨時動議，希望明年七月一日實施的第一批社會役役男，雖然仍有警察役、消防役……等之役別，但此第一批役男將以投入震災的重建為主，此動議獲得與會代表的共鳴。

　　十月十一日最後一次會議結束後，行政院要求至遲在十月底，可以收到內政部及國防部所草擬的相關法令，並在一、二個月內審議完畢，送請立法院於本會期內完成立法程序。所以，「九二一」大地震未震垮社會役的立法決策，反而加快行政院的決議速度，倒真是一個「良性」的、令人始料未及的「震後副作用」！

四、內政部替代役草案的完成

行政院專案小組在八十八年十月十一日中午完成實施替代役的原則議題後，內政部法規會即在十月十四日連續召開二天半、共五次的會議討論替代役法草案。筆者因也擔任內政部法規會之委員，全程參與，該會通過的草案也很快的在內政部部務會議通過，送交行政院（見附錄六）。

此「官方版」的草案，有幾點值得重視之處：

第一，替代役的役別（第四條）除了社會治安及社會服務兩大類，共四小類外，另有「其他經行政院指定之類別」，所以舉凡科技役及海外服務役等，亦可望成為替代役之役別。這種「概括」及「彈性」的規劃方式亦可贊同之。

第二，對於基於宗教因素服替代役者，在基礎訓練期間是否仍應具軍人身分，在行政院專案小組討論時，並未顧及此。本書也批評此點。故在此草案第六條一項時特別一個「除外」規定，免除類似耶和華證人會之類的替代役男在受訓期間的軍人身分！但筆者在內政部法規會討論時雖也重申行政院專案小組就此問題（社會役役男在基礎訓練時具軍人身分）的不智決定，也引起一些機關代表的共鳴：試想一位假設是服警察役的役男，在受訓時具有軍人身分，必須接受極嚴格的軍法義務，而在受訓一個月，進入警察機關，可拿起警械去服勤，卻接受遠較為寬鬆的法律來拘束，豈真的能貫徹紀律之要求？這種

「前重後輕」的決定，完全不合邏輯也！但作為行政院下屬單位的內政部（及法規會）亦只能遵守專案小組的決議矣！

　　第三，替代役役男的薪俸、地區加給及主、副食費由中央主管機關（內政部）來統一編列（第八條）。如此即可將社會役當成中央行政。

　　第四，關於執行替代役之機關，本草案（第十四條）決定設中央級的役政署，統一執行兵役及替代役之事務。但役政署之下，並不設立直屬的各地區「役政局」，一元化的執行替代役及兵役事務。其理由是「牽涉廣泛，暫不宜討論」，所以採「委託行政」模式，規定仍交由地方役政機關執行。「役政一元化」的理想即無法實踐！長遠之計，宜將兵役及替代役視為中央之「直接行政」，比照財政部國稅局之體制，設立各地區的役政局（處），避免當今許多縣市政府不願承接兵役役政的弊病。

　　第五，關於社會役役男的待遇、撫卹、法律及保險等，大都比照服兵役役男之相關規定，當是一個正確的立法方向。

6 結論——兵役及社會

役：一枚勳章的兩面

　　由本書以上各章的分析，讀者大致上應可以對歐洲各國實行社會役的現況有一番了解，也可能對其中幾國，特別是德國對社會役的宏規偉制，留下深刻的印象！

　　我國雖已邁開籌畫社會役的一大步，但以筆者的親身參與，已竭盡全力介紹本制度的優、劣點，但結果卻仍有一些不盡滿意。我國的社會役的規劃伊始似乎已有幾點走上了歧路的危機。本書完成趕在立法院尚未進行相關法制審議前，當期冀及時能澄清時下不少對社會役制度的誤解。這些誤解包括：

一、對社會役制度本質的誤解

　　我國即將實行的替代役是廣義的制度，從頭開始就不強調建立狹義的社會役制度，所以完全不同於歐洲之把替代役等同社會役的立場。關於這點，立法院簡錫堦委員提出一個基本立論頗令人心服！簡委員認為社會役絕非只是「替代」兵役的制度，應是更進一步的，社會役是一個「社會改造」的制度，簡委員甚至將社會役稱為是一個台灣的「希望之役」！我十分贊成這個富有人道及前瞻思想的想法！但由行政院首批社會役役男近九成投在「治安役」方面，真心投到社會醫療、貧病照顧者僅一成，可以證明我國實行社會役只學到歐洲制度的「皮毛」而已，未能把握此制度的精神價值，也難怪我國會使用「替代役」的名稱，而不敢使用「社會役」的名稱了！令人可惜、可嘆之至！

二、對社會役定位的誤解

　　不少人堅持社會役只是兵役的一環而已！所以導出下列的一連串「結論」：不必在憲法內明定服社會役的法源，只需在「兵役法」或「兵役法施行法」內加以規定即可；社會役役男應該和新兵一樣入伍訓練，取得軍人身分，再退伍轉服社會役，社會役役男具後備軍人身分。這些誤解把社會役當作兵役的一環。假如真如此，國防部內應成立一個「社會役司」，或社會役司令部，成為社會役的主管機關，豈不簡單明瞭？！更何況，現代戰爭需要多麼熟練戰技、武器操作的軍人，光在新兵訓練中心訓練八週，一逢戰爭就可上戰場？簡直是「不教而殺」！所以，社會役役男在戰時亦不能接受徵召入伍，反而應加入民防隊，為救災而盡力。

三、浮面的「假平等」主義思想氾濫

　　認為社會役是提供權貴子弟逃避兵役的管道，此在媒體偶有出現的讀者投書及八十八年九月國民大會修憲時，部分國大代表也提及。而役男如有超額，亦有主張以抽籤或提早退伍來解決。這些說法都欠考量。我國如對社會役制度的設計已極盡理智時，就不懼權貴子弟願服社會役。而役男人數過多時先用抽籤來決定「是否需服兵役」或「免役」的「補充役」制度構

想，例如對民國四十三年次及四十四年次役男曾實施的制度，筆者當年正是此制度的見證者，更覺得本制度才是真正的不公平及荒謬！試想憑一時的「手氣」，以一次抽籤決定一個青年要否為國家付出二年的光陰，才是真正的「公平」乎？再則，每年隨役男的多寡「彈性」調整役期長短，豈能滿足國軍戰備及訓練要求？上述看法顯示許多的誤解都是對社會役的比較制度及學理沒有加以深思，就憑「直覺」來作的錯誤反應！而對「一律抽籤」的迷思，更是中了「假平等」的圈套，以及反映出行政機關意圖「省事」的不負責心態！不考慮役男的意向、專長及社會役不同役別所需的專才，一律用抽籤解決，這是不負責的「便宜行事」。倘若國家大事唯有靠抽籤就能實踐平等，那麼國家立法當局應該花上最多功夫來仔細推廣此「神妙」方式，將之制定「專法」來廣為適用了！我國在設計社會役役男的採志願制及決定役期長短時，這種「毒素」都一再散發效力。在第五章第四節的部分，已有詳盡的敘述，茲不再贅言申述了！

行筆至此，筆者願在此引用美國金恩博士的一句話：「我有一個夢」（I have a dream）。我期望公元二○○○年以後，我國的社會是一個充滿人性溫暖的地方。以社會役及兵役的互動關係而言：社會役及兵役可進行一個「良性競爭」。為了吸引青年穿上軍服，國防部應該大力、且真心的根絕軍中不當的管教，使每個軍人享有「穿著軍服的公民」的人權及尊嚴！軍人是最容易獲得榮耀、成為英雄的行業，故青年應樂於從軍，嫻

熟戰技來保鄉衛國。在另一方面，各醫院、療養院、環保局、偏遠地方的文、教及社區，以後甚至在第二階段再推及到海外、大陸貧困地區，都有一批批充滿「人飢己飢，人溺己溺」的青年，挽起袖子為貧病、殘障及處於社會弱勢的人們，提供熱誠的服務！獨居老人及病人，一通電話即有社會役男到府服務……，讓台灣這塊寶島的廣大民眾都可以享受到這種「青年之愛心」。透過社會役的實施，更多的青年會學習到愛心及人道主義，正如同絕大多數學生參加社服社團後會油然產生同情心，社會的人心可以潛移默化的改善！所以，以社會學的角度而言，國家實行社會役真的可以改變青年的血氣方剛，而養成民胞物與的精神。台灣現在社會風氣逐漸敗壞，青少年自私自利的惡習已經逐年加劇，此時正需像社會役的制度來注入一股強心針！我希望這個「夢」絕不是「幻夢」！德國每年共有十八萬人投入此「愛心行列」，德國能，為什麼我們不能？古人不是常說「事在人為」嗎？我希望立法院是構建此新制「最後一搏」的地方，天助我台灣與否？就端看立委們的睿智以及我國社會輿論能否「洞燭機先」了！

　　德國社會在提到四十年來一共有超過一百五十萬社會役男投入的社會役，對德國社會福利所作的偉大貢獻時，曾提出一句口號：社會役與兵役是一枚勳章的兩面。社會役的確是一枚勳章的另一面，而非一枚勳章下「陰暗的角落」！負責打造這枚勳章的藝匠便是立法院的委員們，請勇敢的且平心靜氣的思考此台灣的「希望之役」吧！

附錄一　德國社會役法

最後修正：一九九四年十二月二十八日

（一九九七年六月十八日小幅修正）

第一章　社會役之任務及組織

第一條　社會役之任務

經許可拒服兵役者（以下簡稱「役男」），應為公益而服社會役，且應優先在社會而非軍事領域履行此義務。

第二條　社會役之組織

一、本法如無其他規定時，由聯邦直屬行政機關執行之，為此應於「聯邦婦青部」（聯邦家庭、老人、婦女及青年部）部長下設立一名為「聯邦社會役署」之獨立的最高聯邦官署。

二、「聯邦婦青部」依聯邦政府之提名而任命一位「聯邦社會役監察員」（Bundesbeauftragter），代表聯邦婦青部長對有關社會役方面行使監督職權。但法令有其他規定時，不在此限。

三、各地兵役機關應將經許可拒服兵役者之個人資料直接移送聯邦社會役署。

第二條 a　社會役委員會

一、「聯邦婦青部」應設立一個「社會役委員會」。本委員會應就社會役涉及的問題，例如社會役的任務，以及調派社會役役男到非社會之領域（軍事事務方面）之問題，向部長提出建議。

二、社會役委員會由下列成員組成之：

1.代表服社會役役男的團體代表六名，其中必須有三名代表已在服社會役者。

2.經認可之服務機構之協會代表六名。

3.基督教與天主教代表各一名。

4.工會及雇主聯合會代表各一名。

5.各邦代表二名。

三、委員之任期四年，由「聯邦婦青部」部長任命之。委員名單由部長決定。役男代表（第二項第一款）須於服役期間始得被任命。每一個委員會成員皆可委任一個個人代表。

四、社會役委員會之會議依「聯邦婦青部長」所訂之議事規則，由部長召開與主持之。

第三條　服役地點

役男須在經認可之服務機構或在一個社會役團隊裡服社會役。在有急迫之需要時，亦得在負責社會役之行政機關內服役。

第四條　經認可之服務機構

一、有下列情形之一者，可申請認可而成為社會役之服務機構：

1.在社會服務的範圍內，如果負有環境保護、生態保護和景觀維護方面任務的機構，將認為是特殊重要的任務，而獲得認可。

2.社會役的服務機構必須擔保其提供給役男的任務、領導及照顧措施，已符合社會役制度的本質。如果該機

構不能符合這種要求，特別是比起在其他社會役機構服務之役男，或是服兵役的役男所受的待遇，顯然是不能比擬時，這個機構即不能被認可為可接受役男服務之機構。

3.服務機構應表明，對於已符合該機構所訂服務資格之役男，並無挑選人員之權，而且對役男所擔任之職務不會予以超過其能力之要求者。

4.工作場所已表明，願意提供聯邦社會役署長和聯邦社會役署了解役男服務之整體情況和所從事的每一項任務細節，以及於聯邦審計院審核其使用聯邦經費會無保留地配合。對特定的服務場所，服務機構的認可應於公布時說明容納的名額，且可宣告附帶負擔。

二、當前項所列之要件不存在或嗣後不存在時，其認可應予撤銷或廢止。認可亦可基於其他重大事由，尤其是當負擔未履行或未在法定期限內履行時，而予廢止之。

第五條　社會役團隊之設立

「聯邦婦青部」部長可依需要而設立社會役團隊。「聯邦婦青部」部長於徵詢過各邦意見後指定社會役團隊的住所地。

第五條 a　行政任務的移轉

一、服務機構可受委託執行社會役的行政任務。各邦的服務機構可受聯邦之委託處理行政任務。

二、下列機構得同意接受委託處理事務：

1.協會所受委託處理所屬服務機構之事務。

2.各部對於受其監督之公法人，係社會役之服務機構時，可處理其事務；管理費用可於適當的範圍內予以協助。

第六條　費用

一、社會役服務機構應負擔役男之支出住宿、膳食及工作服裝等費用。其亦應負擔役男服役所支出之其他管理費用。

二、服務機構為聯邦支付役男應得之金額，此機構支付之金額除退伍金及交通費全額由聯邦支付外，其餘支出的七成，每年分四期由聯邦補償之。聯邦婦青部長經聯邦財政部長同意後，確認此補償金額。

三、服務機構唯有在下列必要的情況發生時，方可對役男支付住宿、膳食及制服費用以外津貼：

1.為使社會役所有役男可以徵集而需要之服務名額。

2.依其工作種類提供特別適合的服務名額。

聯邦婦青部長在第一項之情形與聯邦財政部長取得一致之意見後，公布一般行政規則以為執行之準據。服務機構給予役男之額外津貼只有在聯邦預算已有編列的情況下，方得補償之。

第二章　得免服社會役之資格

第七條　社會役之免役規定

有服兵役能力者視為有服社會役能力者，暫時無服兵役能力者視為暫時無服社會役能力者，無服兵役能力者亦視為無服

社會役能力者。社會役的工作分配，準用兵役法第八條 a 第二項之規定（以醫學之標準來判斷之服役能力）有服役義務者工作的分配。

第八條　欠缺服社會役能力者

有下列情形之一者免服社會役：

一、欠缺服社會役之能力者。

二、宣告禁治產者。

第九條　社會役之排除

一、社會役於下列情形時予以排除：

1.任何人因其犯罪行為而被德國法院處一年以上有期徒刑或故意犯下列之罪者：危及民主法治國基本秩序之危害和平罪及內亂罪，或犯危及國家之外部安全之外患罪，而處七個月以上之有期徒刑者。但判決已撤銷者不在此限。

2.任何被褫奪公權者。

3.任何人未依刑法第六十四條或第六十六條於規定期間內完成矯正和保釋者。

二、在一九九〇年十月三日前，依兩德統一協定第三條所定地區法院的判決，唯有依「兩德刑事及行政事件執行互助法之規定」（聯邦法律公報第三卷，分冊號碼312-3，已公布校訂文件，最近一次修正是一九八〇年八月十八日修改該法第二條第三項）之規定，始有拘束力。

第十條　社會役之免除

一、有下列情形之一者，免除社會役：

1. 擔任基督教教士者。

2. 擔任羅馬天主教修士以上之神職人員。

3. 基督教或羅馬天主教會以外教派專職之教士，其職位與修士或神父相當者。

4. 殘障人就業輔助法第一條所定義之殘障者。

二、有下列情形之一者，可申請免除社會役：

1. 經許可拒服兵役者其所有兄弟；或倘使無兄弟現存者，其所有姐妹符合聯邦救助法第一條或聯邦賠償法第一條所稱之損害而導致全部死亡時。（聯邦賠償法載於聯邦法律公報第三冊，分冊號碼251-1已公布校訂文件，最近一次修正為一九八五年九月十九日修正該法第一條。）

2. 經許可拒服兵役者，其父或母或雙親因聯邦救助法第一條或聯邦賠償法第一條所稱之損害而導致其死亡者，且役男者係已歿之父（母）及現存之父（母）唯一尚存之子，得免服社會役。非婚生子當其父母已訂婚，然因父母之一方因戰爭死亡或種族或政治上之原因未能結婚時，得視同婚生子。

3. 役男若有兩個兄弟已經依兵役法第五條第一項服完兵役，或依本法第二十四條第二項服完社會役，或是有兩位兄弟姊妹曾在國軍擔任過兩年以上之限期役軍人者。

第十一條　社會役之緩徵

一、有下列情形之一者，緩徵其社會役：

　1.任何人暫時未具服社會役能力者。

　2.任何人除第九條所列之情形外，受有期徒刑、管訓、少年刑罰或少年拘留者，現正受羈押，或依刑法第六十三條之規定送至精神病院者。

　3.任何人受暫時性之監護者。

二、役男可因準備擔任神職而申請緩徵社會役。

三、役男若經同意提名競選聯邦眾議員，邦眾議員或歐洲議會議員時，可緩徵其社會役直到選舉結束。獲選後在任期中，唯有經本人申請，方得徵集之。

四、顧及役男個人狀況，特別是家庭、經濟或職業方面的原因而有特別的困難時，可申請緩徵社會役。其情形例如：

　1.當徵集：

　　(1)將妨礙其履行法律上或道德之義務如負擔照顧家庭、撫養親屬或影響其他需要撫養者之生計。

　　(2)其一親等之血親可預期有特別之緊急狀況。

　2.當役男對於維持及繼續經營本身或雙親之農業或商業而言，是不可或缺時。

　3.當徵集：

　　(1)將中斷一個已受津貼補助之學業。

　　(2)將妨礙受大學或專科大學教育及中學生之畢業者。

　　(3)將中斷完成大學或專科大學學業所必須的一次職業

教育，而其依規定不得延長為四年或超過四年者。

五、當役男正繫屬於一個刑事訴訟程序，可預期處有期徒刑、管訓、少年刑罰或剝奪自由之矯正及保安處分者，或者當召集社會役會妨害社會役處所之莊嚴或服務社會役者之尊嚴或公共秩序時，可申請緩徵社會役。

第十二條　社會役緩徵及免除之申請

一、依第十條第二項及第十一條第二項、第四項所為之申請，應以書面為之或由聯邦公務員記錄之。申請應附理由。

二、依第十條第二項及第十一條第四項所為之申請，申請人須提出其所擁有之證據文書或附上適當費用之支出證明。依第十一條第二項所為之申請須提出：

1.正式的神學研究或正式神學教育證明；和

2.因該管之邦教會機構、主教團、教士團或其他宗教相當於全國性機構團體，說明役男準備擔任之神職。

三、依第十條第二項和第十一條第二項及第四項所為之申請僅得以最近四個月所發生之事由作為理由方可能允許。依第十一條第二項或兵役法第十二條第二項或第四項所為之申請期限在役男獲得許可後仍不終止，申請則須於期限終止前依法向聯邦社會役署提出。

第十三條　緩徵社會役之程序

一、依第十一條第一項、第四項及第五項所為之緩徵須於規定之期限內提出。在第十一條第四項之情形（第二句第一款⑵除外），役男至少得於依第二十四條第一項第一句至第三句

所定之法定年齡徵集前申請緩徵社會役。當徵集社會役有不可
期待之困難時，役男仍可在此期間申請緩徵社會役。

　　二、依第十一條第二項或第四項所為之申請得延緩徵集社
會役至體格檢查決定後為之，但申請人確有合法之利益須立刻
裁判者，不在此限。

　　三、役男申請緩徵之理由不存在時，該申請應予駁回，但
應告知其理由。

　　四、役男所為申請緩徵期限屆至後並不影響依第十九條第
四項服社會役命令之規定。

第十四條　民防隊或災難防護隊之義務

　　一、役男若已年滿二十四歲，可經主管官署同意後，義務
擔任至少八年民防隊或災難防護隊的榮譽職義工以免除社會
役。

　　二、主管官署應將上述符合文件通知聯邦社會役署。

　　三、主管官署通知聯邦社會役署某位役男已可擔任民防隊
或災難防護隊義工時，該管聯邦官署應通知該役男無須於上述
期限內服社會役，以及免除第二十三條第二項之義務。

　　四、役男參與民防或災難防護工作八年後，社會役之義務
即消滅，但國防狀況時徵集之社會役不適用之。

第十四條 a　開發役

　　一、役男依一九六九年六月十八日公布之輔助開發法第二
條之規定（最近一次修正為一九八六年四月二十四日修正該法
第一條）之規定，以簽訂契約方式負有至少二年的開發役之義

務，及為擔任開發輔助員所需之訓練所需，可以在三十歲以前，不必接受社會役之徵召，但必須依聯邦經濟合作部長之確認。

二、役男當其符合開發輔助法第一條第一項或第二項之要件時，可免服社會役。

三、經許可拒服兵役者服滿二年之開發役後，其社會役之義務即消滅；上述情形於國防狀況時徵集之社會役不適用之。參加開發役後，因不可歸責於役男之事由致開發役中止時，若其服役期間至少已長於社會役之役期時，可抵算社會役之役期。

四、開發役之負責人有義務於前項情形存在及不存在，而有須轉服社會役者之資料通知聯邦社會役署。

第十四條 b　在國外的其他服役種類

一、役男如有下列情形之一者，可免服社會役：

　　1.依第三項所許可之負責人於年滿二十五歲前已服務於外國，擔任促進國際民族和平工作，且其服務期間至少比社會役者長達二個月以上，且係依契約來履行此義務者；且

　　2.此種服務係無報酬者。

負責人應於上述情形存在或不存在，而有須轉服社會役者之資料通知聯邦社會役署。

二、役男在年滿二十七歲後，如證明其已依前項第一款所定服務超過最低期限者，其服社會役之義務消滅；但上述情形

於國防狀況時召集之社會役不適用之。上述服務因可歸責役男而提前中止時，其剩餘役期如果超過二個月，則仍應服社會役補足。

　　三、依第一項作為此種服務之負責人乃符合下列條件之法人：

　　　　1.依稅法第五十一條至六十八條所定義為完全非直接營
　　　　　利者。

　　　　2.係為促進德國利益而服務者。

　　　　3.其住所在稅法之效力範圍內。

　　上述負責人資格由「聯邦婦青部長」會同「外交部長」同意後決定之。對負責人計畫確定之許可，得加以限制。第四條第一項第三句和第二項之規定準用之。

第十五條　有關警察之特別規定

　　一、役男如係警察及德國專職鐵路警察，且已獲書面任命上述職務者，直到服務終止前免服社會役。

　　二、主管機關對於役男警察之任命令已撤銷或役男已退出警察行列時，應通知聯邦社會役署。

　　三、當主管機關對役男已加入警察或已頒發書面任命狀，且在七個月以內將開始任職時，準用第十四條第三項之規定，通知聯邦社會役署。

第十五條 a　自由的勞動關係

　　一、役男基於良心的理由而不願服社會役時，且宣稱願意在平常工作時間內在醫院或其他醫療機構擔任診療照顧或監護

病人時，或已有前述的勞動關係存在時，可暫時免服社會役。
上述情形只有當役男其勞動關係成立必須是滿二十四歲，且其
服務時期至少比社會役期長一年以上的時間時方能適用。

　　二、役男年滿二十七歲後經證明其已依前項規定服務滿最
低期限時，免除其服社會役之義務。勞動關係基於不可歸責於
役男之理由而提前中止時，如其勞動關係超過一年者，可折抵
社會役。

第十六條　例外的借調

　　一、如果衡量徵集在社會役的公益考量和滿足在社會役範
圍以外其他公共任務所需人力的公共利益，如果後者公共利益
顯比前者為大，並且也不會對役男在社會役的工作有太大的影
響時，可借調役男之人力擔任該些公共任務之工作。該項借調
可加以時間上的限制。聯邦政府在經聯邦參議院之同意後，得
制定關於調節上述人力需求的一般性規章。

　　二、借調由主管之行政官署基於建議而決定之。除官署
外，教會及宗教團體，只要其係公法團體為其所屬之服務人員
提出建議。聯邦政府經過聯邦參議院之同意後制定命令來規範
此借調之管轄及程序。該命令亦得授權規定主管之聯邦最高官
署或邦政府授權再委託邦最高官署。該命令須規定若聯邦社會
役署與提供建議之行政官署間就不同公益之觀點而應如何調解
之方式加以規定衡量。該法規命令須更進一步規定，該借調的
時間範圍及主管的政府及經濟機構為何。

　　三、尚未服役之役男的最高長官（在公營機構）或雇主，

在上述可借調的條件已經喪失時，應通知聯邦社會役署。無服務或勞動關係之役男，於前述情形不存在時，亦應自行通知聯邦社會役署。

第十七條　關於免服兵役之決定

　　兵役機關於決定役男免服兵役時，亦可同時決定其是否免服社會役。

第十八條　費用及工資損失之償還

　　役男因參加服社會役之能力檢查及因必要之花費，依兵役法有關體檢之規定請求補償。

第三章　社會役之召集

第十九條　召集

　　一、除了有本條二項之情形外，依「聯邦婦青部」部長所頒之徵集規則徵集其服社會役。已應召服兵役而申請轉服社會役且由新兵訓練退訓者，須立即轉服社會役。

　　二、已服兵役之役男申請社會役者，得經聯邦國防部長之同意，以書面決定，依本法轉服社會役。此一決定須確定身分變更之時間以及社會役開始服役之地點和役期。役男應依上述決定之規定向服役機關報到。

　　三、役男不得請求服役於特定地點，亦不能於其徵集服役前所工作之場所服社會役。

　　四、役男在徵召前二年皆不能確定其適役性時，應許其有申訴之機會。

　　五、徵集令應告知開始服役之地點和時間以及服社會役之期間。該徵集令應說明逃役者應負之刑責。

　　六、徵集令至遲應於役期開始日前四週發出，本條第一項第二句之情形不適用之。

第十九條 a　居所之變更

　　一、當役男之居所有下列情形之一者時，其兵役義務不消滅或中止：

　　　1.在應服社會役之期間，居所移到國外者。

　　　2.其變更未依本法第二十三條第四項規定獲得必要之許可而移到國外者。

　　　3.未有移民意圖，但移居到國外者。

　　二、役男未依第二十三條第四項規定為必要之許可而將居所移到國外者，仍應依本法之規定徵集服社會役。

第二十條　證人與鑑定人之訊問

　　對於役男為適役性審查而有訊問證人或鑑定人之必要時，得請求該證人或鑑定人住所或居所所在地之地區法院代行之；並應告知法院應詢問之事項及拒服兵役者。前述訊問準用法院組織法關於法院職務協助之規定（第一百五十六條）及民事訴訟法之有關規定。證人或鑑定人之宣誓由區法院裁量決定之。對證言、鑑定或宣誓之拒絕所為之裁定亦同。前項之裁定不得提出抗告。

第二十一條　徵集令之廢止

　　徵集令送達後，方確定役男之適役性不存在時，該徵集令

應廢止之。廢止之通知應以書面為之並送達役男。

第二十二條　其他役別的列入

　　已服兵役者、依法已服邊防警察役及民防役者，均可抵算其役期於社會役之役期之中。但對逃役、不假曠職、拒絕服役及逾期休假等未依法服勤之時期以及因服有期徒列、羈押、少年犯之處罰及管訓拘留或懲戒拘留，及在服役期間遭調查羈押者，但結果係確定受到有罪判決等，即不得抵算入社會役服役期間。

第二十三條　社會役之監督

　　一、役男應受社會役之監督，監督期間至年滿三十二歲為止。

　　二、於社會役監督期間內役男有下列情形之一者，應立即通知聯邦社會役署：

　　　　1.任何住所或居所之變更，除非其已遵守邦法之規定，一週內已辦妥遷入及遷出之手續。

　　　　2.離開居所八週以上。

　　　　3.在本法第八條、第九條、第十條第一項、第十一條第一項和第三項以及第十四條、第十五條之規定之情形發生時。

　　　　4.在本法分段規定（第二十四條第三項）許可其分段服役及緩徵理由提早消失之時。

　　　　5.結束及更換其職業教育及更換其職業，而對社會役之任務會有重大之作用時（第二十四條第一項第二

句）。

經許可拒服兵役者有更進一步的預防措施時，應立即通知聯邦社會役署。

三、兵役徵召署為達社會役監督之目的，應依兵役法第二十四條第九項第一句之規定，通知聯邦有關申報之官署於役男不受兵役監督時，轉送其個人資料至聯邦社會役署。聯邦社會役署應於其不需要時消除上述資料。

四、當社會役役男在社會役監督期間欲離開德國超過三個月，且兵役法第一條第二項之要件不存在時，應先徵得聯邦社會役署之許可。當其欲延長停留在國外超過許可之時間，或是雖不必獲得許可而赴國外居留，但是居留超過四個月時，應再經聯邦社會役署之許可。許可證應告知有效期間，在此期間內，不得徵召該役男，在許可證有效期間外，除非徵召對役男會造成特別的不利——在國防狀態發生時，以不可歸責為己之理由為限，方可徵召之。本法第十三條一項之規定準用之。「聯邦婦青部」部長得對上述許可義務之規定，為例外之處置。

五、若已依本法二十四條二項一句規定服完社會役者，本條文第二項第二款至第五款所定之義務，唯有在「聯邦婦青部」部長所頒定在國防狀況發生時之服役規定，方有遵守之義務。

六、本條文第二項所列之義務，在下列情形時不存在：

1.不具備服社會役之能力者。

2.社會役持續不能履行。

3.已免除服社會役。

4.符合第十四條至第十五條a所稱社會役例外之情形而
免服社會役,且不考慮徵集者。

上述情形於在有產生可通知其免除社會役義務的事實時,
不適用之。

七、如果在特別的情形下,徵召服社會役不會被考慮時,
則可全部或一部免除本條第二項所定之義務。

第二十三條a 徵集之拘提

役男如應徵召,或依本法第十九條第二項服兵役者轉服社
會役,卻未依規定報到時,得請求警察拘提之。警察為執行此
目的,可進入役男所在的房屋或處所,如警察不即時進入則役
男有逃逸之虞時,亦準用前句之規定,惟在夜間不得為之。

第四章 役男之法律地位

第二十四條 社會役之期間

一、役男至遲應於年滿二十五歲前開始服役。有下列情形
之一時,可在年滿二十八歲前開始服役:

1.在滿二十五歲前因有本法第十一條的緩徵理由,且該
理由仍未消失者。

2.因有其他海外服務(本法第十四條b)或自由勞動契
約(本法第十五條a),在二十七歲前無法履行服役
者。

3.於年滿二十五歲前,無須依本法第二十三條第四項之

許可而可暫時留滯國外，致無法服役者。

4.依本法第四十四條第二項規定的免職者，及因曠職而需補服役期者。

役男其依拒服兵役法之規定為申請認可程序以及主張有免服兵役原因，而未在二十五歲前被召集參加新兵基本訓練者，可延長徵召服役至年滿二十八歲前為之。第七十九條第一款之規定於此不受影響。

二、社會役之役期比兵役役期多三個月（兵役義務法第五條規定兵役為十個月）。役男若已服過兵役而後再轉服社會役時，則可縮短該超出兵役役期的三分之一的服務期間。第七十九條第一款之規定於此不受影響。

三、役男如依第十一條第四項之規定緩徵，且依第十三條第一項第二句規定而需補役者，可分段服役。

四、有下列情形之一者，需補足所減少之役期日數：

1.無故曠職者。

2.拒絕服役者。

3.徵集通知之執行中止者。

4.因服有期徒刑、管訓、少年刑罰或少年拘留者。

5.受到偵查、羈押——但以受有罪之終局判決為限——者。

第二十五條　社會役之開始

役男依徵集令上及依本法第十九條第二項所規定之改服社會役令上所規定之時間起，為社會役關係之開始及變更。

第二十五條a　服役的訓練

一、社會役服役開始時，應給予下列的訓練，其內容如下：

1. 關於社會役之性質及任務，以及服役者之權利及義務。

2. 公民身分相關問題。

3. 如有必要時，對其將來工作的介紹。

二、前項所稱之訓練在得到服務機構同意後，得由其所屬之機構及團體執行之。邦的機構亦得受聯邦之委託而執行之。訓練之費用得由「聯邦婦青部」酌量補助之。其補助之標準，由部長統一訂頒。

三、依第一項第二款所為之課程不能在討論政治問題時，僅採取單方面意見的灌輸，整個訓練亦不能企圖有利或不利於某特定之政治對象。

四、在接受服役訓練時，應予集中住宿。第十九條第三項第一句之規定準用之。

第二十五條b　服役的專門訓練

一、役男在服役後，除了由其服務機構加以訓練外，應該對於日後所擔任之工作，予以專門訓練。此訓練係針對役男日後執行工作所需的知識與技能而發。另外役男是否參加依第二十五條a第一項第三款之服役訓練期間，應取決於工作之種類及役男本身的能力及教育程度；涉及照顧及看護之工作者通常須安排至少四週的專門訓練。役男必須受完專門訓練後，才開

始執行社會役之工作。

　　二、役男之工作種類變更，準用前項之規定。

第二十五條 c 公民權

　　服社會役者和其他每個公民一樣，享有同等的公民權利。其權利在社會役所需之範圍內，由其法定義務來予以限制。

第二十六條　民主基本秩序之尊重

　　服役者在所有言行裡都應尊重基本法所揭櫫之自由民主之基本秩序之原則。

第二十七條　基本義務

　　一、服役者應認真履行其職務，並且應與服務團體之成員融洽相處。並不得以其言行導致服務機構內部不安並傷害內部之合作。

　　二、役男於執勤外及在外言行舉止，應避免嚴重影響社會役或服務機構之聲譽。

　　三、服役者對於執行職務所具有之危險性，尤其是當搶救他人免於生命危險或避免對大眾造成威脅之損害時，皆應該特別的謹慎。

　　四、服役者為達成社會役服務目的之需要，仍應自我進修。

第二十八條　緘默義務

　　一、服役者對其職務上所悉知之事務，負有緘默之義務，即使在社會役服完後亦然。但對於公眾所周知之職務通告或其他事務，以及已無秘密可言之事件，不在此限。

二、役男對保密事務，在未得許可前，不得在法庭或法庭以外之處陳述或說明之。不須獲得許可之標準由「聯邦婦青部」部長準用聯邦公務員法第六十二條之規定決定之。

三、本條前二項之規定，並不影響役男對犯罪行為之法定告發義務。

第二十九條　政治行為

一、服役之役男於執行職務時不得有圖利或不利於某一特定政治對象之行為。但役男和他人之談論個人意見，則不在此限。

二、役男於宿舍及其附屬場合內的休閒時間時，所發表的意見，不得擾及團體的共同生活。尤其不得為政治團體宣傳員、發表演說、散發文件，或充當政治團體之代表。同僚間彼此之尊重不得予以侵害。

第三十條　勤務上的命令

一、服役者應遵守聯邦社會役署長、服務機構之首長，及受委託領導及監督之人所為之勤務命令。上述之委託須對役男公布之。

二、服役者對勤務命令之合法性提出懷疑者，仍應遵守命令；然命令並非為達工作之目的所發者，或有損人性尊嚴或遵守指示將導致犯罪行為時，不在此限。

三、服役者遵守勤務命令，即可免除個人責任。如果該行為導致犯罪時，其可罰性非役男所明知，或是依當時情況明顯無法得知其可罰時，即可免除其責任。

第三十條 a　上司之義務

上司應照顧其所屬之役男。其有義務為職務上之監督。勤務命令應僅係為達工作目的，並依法令之規定，方得發布之。

第三十一條　宿舍、集體伙食

服役者有義務依規定住進宿舍並參加集體伙食。宿舍由聯邦社會役署或服務機構指定之。

第三十二條　工作時間

一、服役者應依規定有一定的工作時間。此工作時間之標準是以其他類似工作所需之時間來決定之。如果上述工作時間之規定並未制定時，準用聯邦公務員工作時間之規定。

二、服役者於前項所定之工作時間之外，仍應參加在職進修及為職務所需接受任務。

三、依第二項對役男所為服勤之要求每日不得超過二小時。

第三十二條 a　勞資爭議之處理

於服役者服務之機構如果直接發生勞資糾紛時，服役者對於任何應此勞資糾紛會導致該機構內陷於癱瘓之行為，皆不得參與。

第三十三條　兼職

一、服役者之兼職行為須經許可；唯有當兼職已危害到勤務之實行或違反勤務上之要求時，始得拒絕許可。

二、管理自己財產之行為，以及寫作、學術上、文化上或演講上之行為，亦無須許可。此類行為唯有在其已危害勤務之

實行或違反勤務上之要求的範圍內，始得禁止之。

第三十四條　責任

　　一、服役者可歸責地違反其所應盡之義務者，應賠償聯邦其所生之損害。若損害發生於執行勤務而非因民事法律關係而肇致時，則服役者僅於故意或重大過失時始負責任。數人共同造成損害者，則連帶負擔責任。

　　二、聯邦根據基本法第三十四條第一句之規定已為損害賠償者，則僅於服役者有故意或重大過失時始得向其求償。

　　三、關於對服役者請求權之消滅時效以及對其賠償請求權之移轉，準用聯邦公務員法第七十八條第三及第四項之規定。

第三十五條　照顧；薪餉及實物配給；旅費；休假

　　一、除本法另有規定外，對於服役者之照顧、醫療救助、薪餉、實物配給、旅費，以及休假之標準，準用服兵役役男所擔任最基層之階級（二等兵）之規定。

　　二、服役者於服役三個月後，若其資格、能力與服務皆屬適格者，則得晉級第二組群薪餉之給付。已獲得第二組群薪餉之服役者，在其資格、能力與服務皆屬適格之情形下，得於服役後六個月受第三組群薪餉之給付。「聯邦婦青部」部長於獲得聯邦內政部長以及聯邦財政部長之一致意見後，得公布施行前項事項的行政規則。

　　三、「聯邦婦青部」部長為保障服役者之醫療救助，得與醫療專業團體及協會簽訂契約；為延期給付旅費，亦得與德國聯邦鐵路局簽訂契約。

四、服役者應無償地受領工作服，且於工作時及勤務場所內負有穿著制服之義務。個人衣服於勤務中破損以及意外毀損之賠償請求權，僅於其未受領工作服或無穿著義務時，始得享有之。個人衣服於勤務外破損者，應給予服役者適當之補助。

五、服役者所攜帶之物品於服社會役期間，因意外事故而破損、毀壞或遺失者，得獲得賠償。若意外事故後因急救而生特別費用者，則服役者應獲可證明之必要費用之賠償。根據第一及第二句對於服役者個人衣物破損、毀壞或遺失之賠償，須符合第四項第三句之條件下始得為之。第一句至第三句之規定，於根據第四十七條及第四十七條a享有生活照顧請求權之其他意外事故，亦適用之。第五十條第五項之規定，準用之。

六、於社會役終止之際，非屬出差之旅行，其旅費之報酬如同入伍旅途一般，應給付之。

七、服役者死亡時，關於死亡之該月薪餉，準用公務員生活照顧法第十七條之規定。

八、有服役義務者於勤務關係期間死於與社會役相關之損害者，則於該役男死亡時與其同居之父母或養父母，最高得獲取五千德國馬克之撫卹金。第五十條第五項之規定，準用之。

第三十六條　人事檔案及考核

一、每個役男都應有一份人事檔案，本檔案應公正記載，並不得他人未經許可的閱知。役男與職務有關的一切資訊都應列入檔案。其他與個人或服勤關係無關的資訊，特別是個人接受醫療的資訊，都不應列入。前述醫療資訊只能由醫療機關保

管之。唯有醫療機構及有關人員方能接觸該資訊。未得役男同意前，只有依據本法，或是處理有關撤回或撤銷役男拒服兵役許可程序者，方得查閱役男人事檔案。對於儲存、改變、傳遞、截取及消除檔案，亦同。

二、唯有為了建立、執行、終止或變更職務關係，或是基於組織、人事及社會其他措施，諸如人事規劃或調派所必須時，或依法令，方得許可調查役男之人身資訊。自一九九四年一月一日起，對役男進行問卷須得上級機關許可。

三、只有處理人事之人員，以及為了執行法律，特別是在第一項所提及的處理有關撤回、撤銷社會役許可之人員，在程序所需的情況下，方得接觸役男人事檔案。未得役男同意下，其人事檔案不能被帶離婦青部的職務範圍及醫療處所之外，但職務所需不在此限。醫生受到社會役署委託時，得不必獲役男同意，即可查閱人事檔案。由前三項獲得的資訊亦同。如資訊已知，不能再傳給他機關傳閱。由涉及第三人之資訊已被查閱獲知時，除非為了保護第三人之利益或更高法益，或避免危及公益時，及前項提及之撤回或撤銷程序外，應在役男同意下，告知第三人，但法律另有規定時，不在此限。查閱役男的機關及內容，應以書面通知役男。除法律另有規定外，不得自動將資訊轉送其他機關。

四、役男關於對其可能造成不利或損害之事實上行為的異議或主張，於記載於人事檔案或用之以考核前，應出席聽證，其意見應收錄於人事檔案。前述檔案在役滿三年後，得經役男

聲請銷毀之。但該評判已登在其他文書,或法律另有較長保存時效之規定時,不在此限。上述三年時效,因刑事及懲戒程序之提起而中斷進行。

五、役男人事資料應在役期結束後,儘可能的保存,特別是為滿足職務義務或撫卹、福利事項所需。人事檔案可保存至役男年滿六十歲時銷毀之,但被聯邦檔案中收藏時例外,其他所存的資訊準照前述辦理。

六、役男隨時,及在退伍後皆有閱覽其全部檔案之權。如非會妨害職務,否則可委託他人代為閱覽。對遺屬,如可信其享有利益時,亦可許可之。第二項及第三項之規定準用之。

七、役男亦可查詢其他與其個人有關及評判其職務的檔案,但法律另有規定者除外。如果涉及第三人之資訊及保密事項,且區分極困難時,得拒絕閱覽。役男應被告知此情形。

八、婦青部長有權單獨頒布規範下列事項之命令:

1. 役男退伍前後的人事檔案的建立。
2. 檔案傳遞、保管、銷毀有關的一切程序。
3. 建立電腦處理單位並防止資訊被侵入影響。
4. 關於個人檔案及電腦資訊查閱的方式、種類等一切有關細節。
5. 刑法第二〇三條第一項之有權人員對役男所為無償的醫療行為,雇主希望知道役男的醫療及醫生的意見,如何使醫療秘密公開的程序。

第三十六條a　公民課程

服役者除服役之介紹外，亦應被授予公民問題之課程。第二十五條 a 第三項之規定，準用之。

第三十七條　信託代表

一、服役者從其團體中選舉：

1.在擁有五位至二十位服役者之服務機構中，應選出一名信託代表及一名副代表。

2.在擁有二十一位及二十一位以上服役者之服務機構中，應選出一名信託代表及二名副代表。

二、信託代表應協助長官與服役者間之認真負責合作，以及勤務場所內信賴之維持。其享有就工作任務、內部勤務、生活環境，以及勤務外團體生活之問題，向長官提議之權利。長官應聽取其所提之建議，並與之討論。

三、長官應協助信託代表任務之實行。信託代表就與其任務有關之事項，應適時且廣泛地了解之。信託代表在履行任務所必要，且不違反勤務上理由之範圍內，應於服務期間被賦予於勤務場所內為役男舉行會客時間之機會。

四、聯邦社會役署署長或其所委託之聯邦社會役署職員，應至少每年一次，與長官及信託代表就關於信託代表任務範圍內所有有利益關係之事項進行討論。

五、若服務機構之企業或人事參決會所處理之事項亦與服役者有關者，則信託代表得參與會議之討論。

六、選舉以秘密及直接之方法行之。選舉權人、被選舉資格、選舉程序、信託代表之任期及其工作之提前終止……等，

由「聯邦婦青部」部長依據軍隊士兵信託代表之制度原則，頒行命令規定之。本命令無須經過聯邦參議院之同意。

　　七、若沒有信託代表者，服役者得向其服務機構的監察或人事部門提出個人之要求。如果所提出之要求有理由，監察或人事部門應督促機關或企業之首長達成服役者之要求。

　　八、若作為信託代表於行使權利或履行義務之際，因意外事故而遭受傷害者，準用本法第三十五條第五項、第四十七條，以及第四十九條至第五十一條有關服役傷殘之規定。

第三十八條　心靈的照顧

　　服役者享有不受侵擾以參加宗教活動之權利。參加宗教儀式應採自願原則。

第三十九條　體檢

　　一、役男於下列情形應進行體檢：

　　　1.於徵集前自認有欠缺服社會役能力或暫時無法服社會役者。因暫時無法服役而緩徵者，亦包括在內。

　　　2.入伍後應立即進行體檢。

　　　3.在役期間如有下列之情形者：

　　　　(1)無服役能力或暫時無服役能力者。

　　　　(2)服役時受傷者。

　　　4.在退役前主張因服役而受到傷害者。

　　二、役男可要求應檢查之項目，並接受檢查，不得抗拒。如果檢查令將對人身自由及身心健康帶來重大之危害之虞時，唯有經服役者之同意始得為之。但對單純從耳垂、指尖或靜脈

抽血之措施，或X光之檢查，不在此限。

三、服役者因第一項第四款檢查，有要求特定之醫生為其診斷之權利。聯邦社會役署亦得提出其他相關之證據；第二十條之規定準用之。

第四十條　健康之維持、醫療上之侵害

一、服役者應該盡一切力量來維持或回復自己的健康，不得因故意或重大過失而傷害自己的健康。

二、為預防或抑制傳染性疾病所採取之醫療措施造成服役者人身侵犯，服役者應容忍之。一九七九年十二月十八日公布之聯邦流行病法，其最後一次修正為一九八五年六月二十七日，第三十二條第二項第二句之規定，不受影響。

三、若服役者拒絕所給予之正當的醫療診斷，且因之而造成其勤務能力或工作能力受到損壞者，不能請求撫卹。醫療行為係屬正當者，是指該行為不會造成役男身心重大損害者而言。

手術如果不會對人身自由造成重大危險，亦包括在內。

第四十一條　申訴與訴願

一、役男得提出申訴與異議，並應遵守一定的程序。訴願途徑最高可向「聯邦婦青部」部長提出之。

二、若訴願係針對勤務機構之首長而出者，則訴願書得逕向聯邦社會役署署長提出；若係針對聯邦社會役署署長者，則得直接向「聯邦婦青部」部長提出之。

三、集體訴願應禁止之。

第五章 社會役之終止、退伍及撫卹照顧

第四十二條 社會役之終止

社會役役期因免職或除役而終止。

第四十三條 免職

一、有下列情形之一者,服役者應予免職:

1. 社會役所規定之期限業已屆滿。

2. 服役者不具有兵役義務或其兵役義務中斷或終止。

3. 服役者取得不具服役能力之確定體檢通知,或第十九條第二項所規定之取消徵集或變更通知者。

4. 根據第十一條第二項或第四項之規定緩徵者。

5. 因第八條、第十條、第十一條第一項至第三項,以及第十四條至第十五條a所稱之社會役例外情形,致徵集通知必須撤銷或廢止。

6. 具有第八條、第十條、第十一條第一項第二款與第三款,以及第三項所稱之社會役例外情形。

7. 根據其至目前為止之行為,可知以後若再執行任務,將致使社會役之秩序遭受嚴重危害者。

8. 借調者。

9. 關於拒服兵役之許可決定遭撤銷或廢止。

10. 服役者以書面向聯邦社會役署表明,其不再基於信仰上之理由而拒服兵役者。

11. 服役者一時喪失其服役能力,且於社會役所定之期

限內無法期待得以回復該能力，並予以免職或同意其
免職之申請。

二、有下列情形之一者，服役者得予免職：

1.依服役者申請，因為在社會役勤務開始後，或根據第
十九條第二項所規定之轉役後個人之原因，已存在但
有特別惡化之情況，使得服役者繼續服役時會造成其
個人，特別是居住、就業或經濟上特別不利時，得予
以免職；第十一條第四項第二句第一款與第二款，以
及第十三條第一項第二句與第三句之規定，準用之。

2.受三個月或三個月以上有期徒刑或管訓之宣告，或為
保護管束之目的受不得緩刑罰之少年刑之宣告；為保
護管束之目的撤銷少年刑罰之緩刑者，亦同。

第四十四條　社會役終止之時點

一、在免職之情形下，社會役役期自免職之日起終止。

二、服役者於應免職之日未獲明示許可而未留在服務場所
者，自該日終止時視為免職。在第二十四條第四項規定應補足
役期之規定。

三、服役者於免職時正因醫生安排而住院治療者，則其所
被徵集之社會役終止於：

1.住院治療結束之時，但最遲為不得超過免職日起三個
月。

2.其於三個月內以書面表明不願持續此社會役關係者，
則自表示發出之日起終止之。

第四十五條　除役

一、服役者受到德國法院的判決，而受第九條第一項所稱之刑罰、處分，或從屬效果之宣告者，應從社會役中予以除役。社會役自判決發生法律效力之日起終止之。

二、於再審程序中，若未受所指刑罰、處分或從刑之宣告者，則該除役者服兵役時不得遭受不利益之結果。

第四十六條　服役證書

一、凡服社會役者，於服役終止後應獲得一服役證書。

二、只要服役者提出申請並事實上已服畢至少三個月之勤務者，於社會役終止後應受頒發一服役證書；該證書應記載已服勤務之種類與期間，服勤中之舉止與成績。

三、在符合第二項之要件下，一份暫時性之服役證書應於社會役終止前之適當時期頒發之。

第四十七條　福利與撫卹

一、除本法另有規定外，因服社會役而遭受損害之服役者得於勤務關係終止後，以其健康及經濟之損害結果申請適用聯邦生活照顧法所規定之生活照顧。受損害者之遺屬亦得以相同方式申請獲得生活照顧。

二、健康上之損害係指因勤務、社會役實行期間所生之事故，或社會役特有之環境所導致之社會役損害。

三、因下列情形所導致之社會役損害，亦屬於健康上之損害：

1.由於服役者之：

(1)合義務性的勤務上行為；或

(2)隸屬於社會役，對其所遭受之損害。

2.(1)服役者或從前之服役者為從事治療、集體復健，或根據聯邦福利撫卹法第二十六條為回復生產能力所作之職業上促進措施之目的，抑或為奉命出席以說明事實狀況之目的而在往程或回程途中所遭受之意外事故；或

(2)服役者或以前之服役者於從事上述(1)所採取之措施之際所遭受之意外事故。

四、下列情形亦屬本規定所指之社會役：

1.與社會役有關之公差、職務，以及於特定場所之勤務上活動。

2.服役者對社會役課程之參加。

五、下列情形亦視為社會役：

1.服役者基於實行社會役之主管機關之命令而出席任何場所。

2.就任社會役之途中，以及社會役終止後之回程。

3.前往與社會役有關聯之勤務場所或從該場所返回的途中。

4.服役者於其薪餉被匯入金融機構後，首次到該金融機構或應支付其薪餉之金融機構提款者。

服役者因下列情形而脫離介於其住家與勤務場所間之直接路線者，並不視為與社會役中斷其關聯性：

a.因社會役或其丈夫職業上之工作，將與其共同居住生活之小孩交由他人照料者。

b.與其他服役者、同僚，或法定意外保險中之被保險人共同使用交通工具以前往勤務場所或由其返回。

若服役者之住家所在地與勤務場所有其距離，或負有居住於位於勤務場所內之宿舍或場所附近宿舍之義務者，則第一句第三款與第二句之規定亦適用於返回住家或由其出發之途中。

六、因果關係之可能性須獲滿足，始得將健康上之侵害認定為因服役而受損害之結果。若因所提出痛苦之原因在醫學上係屬不明致認定健康上侵害為損害之結果欠缺其必要之可能性者，則經聯邦勞動暨社會秩序部長之同意，得將健康上之侵害認定為損害之結果；該同意得為一般性地公布。若無疑地可以確定健康上之侵害並非損害之結果時，則根據第一及第二句所為之認可及以此為基礎的行政處分，得撤銷其過去之效力；已提供之給付毋庸償還。因被害人故意所招致之損害並非為社會役之損害。

七、聯邦福利撫卹法第六十條之規定於生活照顧非開始於社會役關係終止之次日前者，準用之；聯邦福利撫卹法第六十條第一項之規定於社會役關係終止後一年內提出首次申請，而生活照顧開始於社會役關係終止之次日者，亦準用之。經許可拒服兵役者生死不明，而其遺屬根據第一項享有生活照顧之權利者，則不同於聯邦福利撫卹法第六十一條之規定，遺屬生活照顧最早始於終止支付薪餉月份之次月的第一日起。

八、若基於社會役損害而生之請求權與基於聯邦福利撫卹法第一條之損害而生之請求權，或基於其他明文適用聯邦福利撫卹法之法律而生之請求權間發生競合時，在考慮因全體損害結果致謀生能力有條件的降低之情形下，應確定統一之定期金。

九、經許可拒服兵役者於社會役期間死亡，且聯邦社會役署已完成葬禮及屍體之運送者，不適用聯邦福利撫卹法第三十六條之規定。

十、聯邦福利撫卹法第五十五條之規定，亦適用於根據第一項請求權競合之情形。

第四十七條a 特別情形下之生活照顧

若服役者為從事工作、公共事務，或勤務上之利益而遭受暫時停職者，則其本身或家屬經聯邦勞動暨社會秩序部部長對於其因工作或執行工作期間所遭受之意外事故致健康上損害結果之同意，得獲得與社會役損害結果同一方式之生活照顧。該項同意得對外公告之。

第四十八條 特別情形下之治療

一、服社會役者於社會役關係終止時，其健康上之傷害已無須治療者，則因該傷害所獲之給付準用聯邦福利撫卹法第十條第一項及第三項、第十一條至第十一條a，以及第十三條至第二十四條a之規定。於適用第一句所指規定之情形時，所指出之健康上傷害應與經許可之損害結果相同處理之。

二、根據第一項所獲得之給付，其期限不得超過社會役關

係終止後三年。於期限屆滿之前，依第四十七條規定而生之請求權被許可者，則給付僅得持續至許可之時為止。在特別情形下，經與聯邦勞動暨社會秩序部長取得協議，給付得持續三年以上之期間。給付應納入第四十七條所規定之請求權內。

三、於下列情形，第一項所稱之給付請求權並不成立：

1.保險主體（第四聯邦社會法典第二十九條第一項）有相關服務之義務，或基於其他法律——聯邦社會救助法則屬例外——所應給付之相關服務。

2.因契約而生之相關請求權，但基於私人之醫療保險或意外保險之請求權，則不在此限。

3.權利人之收入超過法定醫療保險之年收入上限。

4.健康上之侵害係歸咎於自己之故意者。

第四十九條　特別情形下之醫療補助

聯邦福利撫卹法第十六條至第十六條 f 之規定，於下列情形，準用於服社會役且於社會役終止時因社會役損害而喪失工作能力之服役者：

一、服役者無法從事生計者，則當其不具備有從事生計或職業訓練之能力，或因之將產生使其情況惡化之危險時，視為無工作能力。社會役終止之時，視為無工作能力開始之時。

二、當服役者之收入因社會役之終止而於所定之期限屆滿時減少者，該服役者於喪失工作能力前所受領之收入，亦因喪失工作能力而減少。

三、服役者喪失工作能力前所受領之收入為社會役終止前

所受領薪餉或實物津貼的八分之十者。若服役者於入伍所定時間前之最後一個月受有工作報酬者，則在對其有利之範圍內，以該報酬為標準。

第五十條　社會役損害之補償

一、服役者因社會役損害之結果，應獲得基本定期金之金錢上補償，以及聯邦生活照顧法第三十條第一項與第三十一條所規定之殘障津貼。

二、若社會役損害與聯邦生活照顧法第一條，或聯邦生活照顧法中明文適用之法律所規定之損害相競合時，則因之所引起之工作能力的整體減低應予確定。因聯邦生活照顧法或其所明文適用之法律中所規定之損害致工作能力減低而受領之金錢，應從其已獲得之補償金額中扣除。餘款應作為補償金而發給。

三、第四十七條第六項第二句以及第四十七條a之規定，適用之。

四、補償始於條件成就之月份。聯邦生活照顧法第六十條第四項第一及第二句以及第六十二條第二及第三項之規定，準用之。補償金請求權僅存在至社會役終止之日為止。若服役者失蹤者，則補償金請求權僅存在至聯邦社會役署所規定推定失蹤者死亡之月份終止之日為止。若失蹤者返回者，則其補償金請求權自社會役薪餉補發之時起，重新起算。

五、補償金請求權不得被轉讓、抵押與扣押。債權償還多過所給付之補償金時，亦得抵銷之。

第五十一條 福利撫卹之執行

一、第四十七條至第四十九條所規定之福利撫卹,在聯邦之委託下,得由負責執行聯邦福利撫卹法之主管機關執行之。

二、第一項所指之事項,若不在聯邦福利撫卹法第二十五條至第二十七條i所規定給予戰爭受害人照料之範圍內者,則第三十五條第五及第八項以及第五十條之規定,準用關於撫卹戰爭受害人之行政手續法、社會法典第一及第十冊,以及社會法院法中關於前置程序之規定。第八十一條之規定,不受影響。

三、就第一項所指之非屬聯邦福利撫卹法第二十五條至第二十七條i所規定給予戰爭受害人照料範圍內事項涉訟者,第三十五條第五及第八項以及第五十條所規定之訴訟,由社會法院管轄之。社會法院法之規定,於下列情形準用之:

1. 法院對於第三十五條第五及第八項以及第五十條關於社會役損害之問題,或第四十七條a所規定之健康上傷害,以及與第四十七條第二至第六項或第四十七條a之構成要件有因果關聯之健康上侵害,或關於第四十七條第六項第二句所指之健康上侵害存在之社會法院管轄事件已為有法律效力之判決者,則該判決對於根據第四十七條第一項之請求權所為之同一原因訴訟,亦有拘束力;第一項之事項應準用前半句之規定。

2. 關於戰爭受害人撫卹之事項,若邦被視為程序上之參

加人者，則由德意志聯邦共和國取代其地位。

3.聯邦婦青部長為德意志聯邦共和國之代表人。該部長
得以一般性命令移轉代表權予其他官署；命令應於聯
邦法律公報中公告之。

第八十一條之規定不受影響。第二、三款之情形，僅適用
於第三十五條第五及第八項以及第五十條所規定之事項。

四、軍人福利撫卹法第八十八條第八及第九項之規定，準
用之。

第六章　刑罰、罰鍰與懲戒規定

第五十二條　曠職

凡因故意或過失擅離社會役之職役或不就職役逾三日者，
處三年以下有期徒刑。

第五十三條　逃亡

一、為逃避國防狀態時期之社會役義務或為達到終止社會
役關係而擅離社會役之職役或不就職役者，處五年以下有期徒
刑。

二、前項之未遂犯罰之。

三、若行為人於一個月內投案，並有能力履行社會役義務
者，處三年以下有期徒刑。

四、刑法第三十條第一項關於參加未遂之規定，於第一項
所規定之犯罪行為亦準用之。

第五十四條　抗命

一、有下列情形之一者，處三年以下有期徒刑：

　　1.以言詞或行動反抗勤務上之命令而拒絕遵守者；或

　　2.拒絕遵守勤務上之命令而屢屢再犯者。

二、行為人於第一項第一款之情形雖拒絕遵守命令，但本命令並非是需立即執行之命令，但卻在事後適時且自願的遵守此命令者，法院得免除其刑。

三、在第一項之情形下，當勤務命令不具有拘束力，尤其是非為勤務目的而發布、違反人性尊嚴，或遵守命令將致違犯犯罪行為時，服役者之抗命將不違法。服役者誤認勤務命令係有拘束力者，亦同。

四、服役者因誤認勤務命令之執行將致違犯犯罪行為而拒絕遵守命令者，當其錯誤係不可避免時，則不得依第一項之規定處罰之。

五、服役者係基於其他理由誤認勤務命令不具有拘束力而不予以遵守者，當其錯誤係不可避免且依其所認知之情況無法期待以法律救濟途徑抵抗其所誤認之不具有拘束力的勤務命令時，則不得依第一項之規定處罰之；若期待係屬可能，則法院得免除第一項規定之處罰。

第五十五條　共犯

為實現本法所定刑事構成要件之違法行為而為教唆與幫助，以及非服役者而參與勤務逃亡（第五十三條第四項）未遂之人，亦處罰之。

第五十六條　罰金之排除

　　服役者違犯本法所規定之犯罪行為者，若行為人之行為或
人格存在有特殊情形，或有期徒刑之處罰係為維持社會役之紀
律時，則根據刑法第四十七條第二項之罰金即不得科處之。

第五十七條　違反秩序

　　一‧因故意或過失：

　　　　1.違反第二十三條第二項或第四項第一句或第二句所規
　　　　　定在社會役監督期間所應盡之義務；或

　　　　2.違反第三十九條第二項第一句所規定之接受所指定之
　　　　　調查及容忍之義務者，則屬違反秩序。

　　二、違反秩序得處以罰鍰。

　　三、聯邦社會役署為秩序違反法第三十六條第一項第一款
所指之行政官署。

第五十八條　失職行為

　　服役者可歸責的違反其義務時，則構成失職行為。

第五十八條a　失職行為之處罰

　　一、失職行為得為懲戒處分。

　　二、主管懲戒之長官應以合義務性之裁量，對於本法所規
定之失職行為決定是否以及採取何種懲戒處分。該長官亦應就
勤務上與勤務外之行為作整體之考量。

　　三、若失職行為已發生六個月者，則不得再處以懲戒措
施。只要事實狀態為第六十二條之調查、第六十五條第二項之
異議、第六十六條之聯邦懲戒法院之程序、刑事訴訟程序或罰
鍰程序之客體者，則期限將予中斷。

四、失職行為僅得為一次之懲戒。服役者違反數個可同時被裁決之義務者，僅得視為一個失職行為而予處罰。

第五十八條b 懲戒處分與刑罰以及秩序罰之關係

一、法院或官署已科處刑罰或秩序罰者，唯有當維持社會役秩序所必要，或社會役之聲譽受到嚴重影響時，始得對同一事實施以懲戒處分。

二、懲戒處分之科處業已確定，而基於同一事實事後又遭法院或官署科以刑罰或秩序罰者，唯有根據第一項懲戒處分係屬不必要時，懲戒處分始得基於服役者之申請而撤銷。懲戒處分於刑事訴訟程序或罰鍰程序中已獲明白之考慮者，亦同。

三、根據第二項所為之申請應向聯邦社會役署署長提起；若聯邦懲戒法院已為判決者（第六十六條），則向該法院提起之。決定應送達於服役者，而且當該決定係由聯邦懲戒法院所為者，亦應送達於聯邦社會役署署長。

四、聯邦社會役署署長拒絕撤銷懲戒處分者，則服役者得向聯邦懲戒法院聲請裁判。該聲請應於決定書送達後二週內向聯邦社會役署署長提起；在聲請書遞送於聯邦懲戒法院之期間，期限仍繼續不中斷。聯邦懲戒法院應以非言詞審理之方式作終局之決定。第三項第二句、第六十五條第一項第三句，以及第六十六條第三項之規定，準用之。

第五十九條 懲戒處分

一、懲戒處分計有：

　1.申誡。

2.禁足。

3.罰鍰。

4.加薪之禁止。

5.減俸（減至下一級組之薪俸）。

二、禁足與罰鍰得併罰之。

第六十條　懲戒處分之內容及上限

一、申誡係指對服役者之特定義務違反行為所為之形式上非難。懲戒長官之斥責言論，例如糾正、警告、不滿以及類似之表示，只要未明白的表明是申誡處分，則不為懲戒處分。

二、禁足係指未經許可不得離開勤務上之住宿場所。禁足至少一日以上，最高不得超過三十日。外出限制以對住宿於宿舍內之人員處罰者為限。

三、罰鍰金額最高不得逾越四個月之薪餉。

第六十一條　懲戒長官

一、懲戒權實行之主管機關為聯邦社會役署署長，及其所指定具有法官資格之聯邦社會役署公務員。

二、聯邦社會役署署長得將科處申誡、十日以下之禁足，以及最高額度為一個月薪餉之罰鍰的懲戒權委由勤務機構與社會役訓練所之首長及其代理人行使之；委任得隨時撤回之。

三、當第二項第一句所指之懲戒主管長官參與行為，或因該行為致個人遭受侵害，或被視為有偏袒之虞時，第一項所稱之懲戒長官則享有管轄權。

第六十二條　調查

一、若已有事實足以證明失職行為之懷疑為合理者，則懲戒之主管長官應為澄清事實情況所必要之調查。對於加重負擔、減輕負擔，以及與懲戒措施輕重有重大關聯之情況皆應調查之。第二十條之規定準用之。

二、於刑事訴訟程序或罰鍰程序中，有法律效力之判決所根據之確定事實，在失職行為亦以該事實為標的之範圍內，對懲戒長官亦生拘束力。

三、依他法之規定程序所涉及之確定事實無拘束力，且懲戒程序所為之裁判不得再為不利的審查。

第六十二條 a　程序之停止

已進行之懲戒程序得於同一行為所繫屬之刑事訴訟程序結束前停止之。

第六十二條 b　聽證

一、於決定前應給予服役者陳述之機會，並將訊問筆錄交由服役者簽名。

二、在最後決定前，應讓信託代表有聽取服役人之報告及敘述事實之機會。若無信託代表人時，則由服務機構的監督及人事部門取代之。事實且應事先公布之。

第六十三條　程序之終止

一、如經調查仍無法確定有失職行為，或懲戒長官認懲戒措施為違法或不當，應終止程序並告知服役者。

二、聯邦社會役署署長得不顧他懲戒長官之終止調查程序，而就同一事實施以懲戒措施。

第六十四條　施以懲戒處分

一、如懲戒長官未終止程序，則繼續執行懲戒處分。

二、如主管懲戒長官依第六十一條第二項第一句規定，認為其有充分懲戒權限，則交由第一條第一項所稱懲戒長官決定之。

第六十五條　懲戒處分之訴願

一、懲戒處分應以書面附記理由之懲戒處分為之，並送達或告知於服役者。關於告知應收受筆錄；懲戒處分書並應付與服役者。且應以書面諭知服役者關於撤銷之可能性，關於撤銷之機關、撤銷之形式與期限。

二、服役者對於主管懲戒長官依第六十一條第二項一句之懲戒處分自受送達或告知起二週內，得以書面或口頭向其或聯邦社會役署署長提起訴願。如以口頭提起訴願應有服役者簽名筆錄之收受。如訴願向第六十一條第二項第一句之主管懲戒長官提起，該長官應附記意見，於一週內呈遞聯邦社會役署署長。署長不得為更不利之決定。該決定應送達之。前項第三句有適用。

第六十六條　上訴聯邦懲戒法院

一、對於第六十一條第一項所稱主管懲戒長官之懲戒處分，或對於依第六十五條第二項第四句聯邦社會役署署長之決定得自受送達或通知起二週內聲請聯邦懲戒法院決定。

二、聲請應以書面具備理由提出於聯邦社會役署署長；如於遞送聲請時為聯邦懲戒法院收受，聲請期間亦應保護。聯邦

懲戒法院得採言詞審理。決定前應予聯邦懲戒檢察官提出意見
之機會。聯邦懲戒法院得維持、廢棄或易為有利服役者之決
定。如雖證明有失職行為，但依服役者整體行為可認懲戒處分
為不當，聯邦懲戒法院得經聯邦懲戒檢察官同意終止懲戒程
序。該決定應送達於服役者並通知聯邦懲戒檢察官。

　　三、聯邦懲戒法院之法庭就其轄區內聲請人之服役，自關
於其失職行為所生責任時起，有管轄權。如數法庭俱有管轄
權，以聲請人最後服役之轄區內法庭有管轄權。法庭組織與程
序適用聯邦懲戒法之規定，並以該管法庭轄區內服役者為陪席
法官，即不具法官資格或不符德國法官法第一一○條第一句公
務員陪席法官之要件。聯邦司法部長基於「聯邦婦青部」部長
之建議於服役期間內指定陪席法官。

　　四、程序之續行與事實決定不受服役者職務關係終止之影
響。

第六十七條　懲戒處分之廢棄

　　一、如聯邦懲戒法院確認有第六十六條第二項之撤銷決定
之情形，減輕懲戒處分，依第六十六條第二項第六句終止程序
或不能確定有失職行為並以之為由廢棄懲戒處分時，除因重大
事實或證據方法為法院決定時所不知者，不得圖有利或不利於
服役者而重新行使懲戒權限。此項重新行使懲戒權限保留予聯
邦社會役署署長。

　　二、聯邦社會役署署長除前項以外得隨時廢棄懲戒處分並
就該事件為新處分。依種類與程序上之加重懲戒措施，僅以懲

戒處分自公布後六個月內廢棄者為限，始得為之。

　　三、如懲戒處分已具不可撤銷性後，對服役者在刑事訴訟或罰鍰程序之判決宣告並生效所認定之事實，有重大實際上確定與懲戒處分之事實相異者，聯邦社會役署署長應廢棄處分並就該事件為新決定。

　　四、第六十二條b第一項、第六十五條第一項第三句與第六十六條準用之。

第六十八條　執行

　　一、懲戒處分由所採取之懲戒長官執行之；其亦得付與機關之主管或主管之代表行之，但有參與失職行為或因失職行為受損害者，不在此限。

　　二、若申誡屬不可撤銷，則視為已執行。

　　三、禁足、罰鍰、減俸自懲戒處分送達後三日起即可執行。為開始執行所預定之時點以第一項有權執行之長官定之。

　　四、如於執行開始前依第六十五條二項二句提起訴願，僅停止休假限制之執行。依第六十六條一次聲請聯邦懲戒法院決定不停止執行；但得中止之。

　　五、限制外出之執行應以接續之日為之。執行之長官得為監督而定適當時段命服役者向其報到。執行長官因急迫理由得免除一或數天所命特定時間之限制；但不得延展之。

　　六、罰鍰依行政執行法規定徵收。並得自薪俸或終止勤務關係後之解任俸給中扣除。月俸之執行不得扣減過半之額。罰鍰亦得於免職之日後執行之。

七、懲戒措施之執行自懲戒處分不可撤銷時期起六個月後，不得為之。但屆至前開始執行者，其執行期間應予保障。

第六十九條　報告

除因涉及刑事訴訟程序而通知該管檢察官或受訴法院外，毋庸向社會役以外機關告知懲戒處分。已撤銷或可撤銷之懲戒處分亦同。

第六十九條 a　塗銷

一、關於人事檔案中懲戒之登記應於一年後塗銷；其相關案卷應由人事檔案剔除或銷燬。塗銷之懲戒處分不得再予考慮。

二、塗銷期間自採取懲戒處分之日起算。如對服役者之刑事程序或懲戒程序在繫屬中，或尚考慮其他懲戒程序者，期間不終止。

三、第五十八條 b、第六十三條第一項與第六十六條第二項第六句之懲戒決定，或廢棄懲戒處分之決定，以及本程序中所生之案卷，而列入人事檔案者，若得經許可拒服兵役者同意，應自程序終結起一年後剔除或銷燬。第二項準用之。

四、經許可拒服兵役者於期間屆至後，與服社會役時之懲戒處分無涉；得拒絕報告每一懲戒處分與所繫之失職行為。並得主張對己未有採取懲戒處分。

第七十條　赦免權

聯邦總統就本法所採行之懲戒措施與依第四十五條第一項之排除，享有赦免權。其得自行行使或委由其他機關行使。

第七章　特別程序規定

第七十一條　行政處分之方式與通知；送達

一、受益行政處分毋庸以書面頒布之。

二、依前項所為之行政處分應予送達。其他應送達者，限於本法或主管機關對社會役之規定定之者。

三、關於送達，適用行政送達法第二條至第十五條，但第七條第一項規定，應向未成年人送達。聯邦社會役署得送達於國外，並得為公示送達。

第七十二條　異議

一、依本法對行政處分之異議由聯邦社會役署決定。

二、對涉及經辦拒服兵役之適役性、徵集或免職之行政處分所為異議，應於兩週內提起之。

第七十三條　徵集通知之撤銷

如體檢通知已不可撤銷，則僅同徵集通知與依第十九條第二項之轉役通知致生權利受損者，方得對之提起權利救濟。

第七十四條　異議與訴訟停止效力之除外規定

一、對於徵集通知提起之異議無停止效力，但承擔至少十年民防災難防護勤務並經該管機關同意之通知發送時提起者，不在此限。對於第十九條第二項之轉役通知提起異議無停止執行之效力。

二、對於徵集通知，依第十九條第二項之轉役通知或確認適役性之通知提起撤銷訴訟無停止執行上效力。法院於定有停

止效力或廢棄執行前應聽取聯邦社會役署之意見。

第七十五條　權利救濟之限制

一、對於行政法院因本法所為對於拒服兵役者之可役性、徵召或免職法律爭議之判決，不得上訴。

二、對於行政法院之判決如被指摘程序有重大瑕疵或於裁判中許其第三審上訴者，應自受送達時起一個月內向聯邦行政法院提起第三審上訴。駁回第三審上訴，僅有因基本法律問題之說明顯無可能時，方得為之。如判決異於聯邦行政法院之裁判且本於歧異者，應許可提起第三審上訴。

三、對於不許第三審上訴之抗告準用行政法院法第一三二條第三項至第五項。對於行政法院之其他裁判不得提起抗告。

第七十六條　法定代理人之權利

役男之法定代理人得於期間進行中就社會役之適役性，獨立提出申請，提起訴訟與行使法律救濟。

第七十七條　適用範圍

如行政處分係第二條第一項與第五條a所稱機關頒布者，不適用本章規定。

第八章　終結規定

第七十八條　其他法規之準用

一、對於役男準用：

1.勞動職位保障法之第十四條a第二項及第六項中聯邦國防部長之地位及權限由聯邦婦青部長取代之。

2.軍人及其家屬福利保障法之第二十三條，且聯邦國防
部長之地位由聯邦婦青部長取代之。

二、除本法別無其他規定外，兵役人員準用公務員法規之
情形，於此亦準用之。

第七十九條　關於國防狀況之規定

於國防狀況中適用下列規定：

一、準用兵役法第四條第一項第四款（即無期限的服役，
至年滿六十歲為止）。

二、本法第二十四條第三項與第四十三條第一項第一句不
適用。

三、申請許可尚未決定前，為申請服社會役者，得受徵集
服社會役。

四、於進入國防狀況前依第十一條第二項、第四項與第五
項之緩徵失其效力，依第十四條a第一項與第二項與第十四條
b第一項受徵集但尚未服社會役者，得受徵集。不得辦理第十
一條第二項與第五項之緩徵。如於國防狀況徵集服社會役顯有
不合事理之困難，方得依第十一條第四項辦理緩徵。

五、第十九條四項之情形，毋庸聽證。

六、役男因良心理由無法服社會役者，自進入國防狀況四
週內，可要求在醫院或其他機關從事於醫生、醫護與看護者，
有第十五條a第一項之適用。但第十五條a第二項不適用之。

第八十條　基本權利之限制

人身自由（基本法第二條第二項第一句）、遷徙自由（基

本法第十一條第一項）與住宅不可侵犯性（基本法第十三條），以及請願權（基本法第十七條）之基本權利，應依本法之規定限制之。

第八十一條　過渡規定

　　（為因應兵役法在一九九五年十二月十五日修正，兵役由十二個月縮短為十個月，所為的過渡規定，茲譯略）

附錄二 奧地利社會役法

一九七四年三月六日公布

一九九一年十月最後修正

第一章　一般規定

第一條

　　關於本法條文之修正及刪除，以及本法之執行，皆屬於聯邦政府之權限，但一九二九年公布之聯邦憲法有例外規定時，從其規定。本法所規定之事項，由聯邦官署直接執行之。

第二條

　　一、依一九九〇年公布之兵役法，有服兵役義務之役男，如有必要應依本法第五條第一、四及五項之規定，為下述清楚的聲明：

　　　1.役男不能履行兵役，並非基於對自身的緊急避難或正當防衛為理由，而是基於自己之良知不願持武器來對待他人，此良知無法許可其履行兵役。

　　　2.雖然不願服兵役者，卻願意轉服社會役者。

　　　3.不屬於本法第五條 a 一項二款之民防團成員者。

　　上述役男應依本法規定轉服社會役。社會役之役期得超過兵役之役期。

　　二、役男在為前項申請時，應該同時檢附履歷表一份，最近一個月內依一九六八年公布之「刑事記錄登記法」所規定發予之「品行證明」（良民證）或其他類似之證件。已依前項申請，並獲得確實之裁決（本法第五條四項）時，役男即需服社

會役，在此期間內役男收到的徵兵令，失其效力。

　　三、社會役應該在國軍以外之領域履行之。

第三條

　　一、社會役之役男（以下簡稱「役男」）應該接受徵召，為公益服社會役，特別是擔任民防工作。除了不能使用武力來對抗他人外，社會役應予役男相當於兵役予服兵役者相同之負擔。

　　二、役男應該在下列領域內，履行社會役之義務。但第三項之規定，不受影響：

　　　1.醫療機構之服務。

　　　2.急救機構。

　　　3.社會及殘障人士之服務。

　　　4.照顧病人。

　　　5.藥物毒品癮病患之照料。

　　　6.政治庇護及難民福利之照料工作。

　　　7.流行性疾病之救助。

　　　8.天然災害、社會救助以及其他有關的民防工作。

　　三、聯邦內政部長得經眾議院內政委員會（Hauptausschus des Nationalrates），依第一項之規定，以命令增訂其他類似第二項規定有益公益之社會役服務之範圍。

第四條

　　一、社會役應在認可的機構內履行。該認可是由機構負責人向各省省長（Landeshauptmann）申請獲准之。

二、下列機構方是適合之機構：

　　1.聯邦、邦、鎮以及其他地方機構。

　　2.其他公益團體。

　　3.在國內執行職務之非營利性之法人。

三、機構的性質必須是：

　　1.主要是履行本法第三條所定之任務者。

　　2.係為了社會役，而提供予役男有關訓練、就業、領導
　　　以及照顧之事務者。

四、機構的認可由省長予以撤銷，當：

　　1.機構的負責人申請撤銷時。

　　2.機構之要件已不再符合前第二、三項之條件時。

　　3.機構已不再能履行本法第六章（第三十八條以下）所
　　　定之義務時。

　　五、機構的主管官署是其主事務所所在地之省長。省長在
依本法第一項及第四項二款及三款，頒布「許可」或「撤銷許
可」前，應先徵詢「社會役委員會」之意見。如果省長提出徵
詢二個月後，仍未獲得社會役委員會之意見時，省長得不待社
會役委員會之意見到達，逕行決定之。

　　六、聯邦內政部長每年至少應該在維也納市的日報之公務
通告欄，或是透過其他適當方式，特別是《社會役雜誌》上，
公告已經受到認可的社會役服務機構之名冊一次。該公告之名
冊，只能公告聯邦內政部長對提出申請事項已依本法第八條三
項所許可之機構。該項公告的名冊上應該特別規定受許可機構

及負責人的名稱、可接受役男之數目，以及役男在機構內服務的性質。

　　七、聯邦內政部長在公布第六項所定之名冊前，應通知全國委員會執行委員會。

第四條 a

　　一、省長在為本法第四條一項之認可時，該認可應包括下列事項：

　　　1.役男在機構內之工作性質。

　　　2.機構內可容納人數的最高額度。

　　二、省長在依第四條一項作出認可決定後，最遲在二週內，應將該決定連同行政手續中之其他文件，一併移送社會役處，依本法第五十四條 a 二項之規定，加以簽署。

第二章　兵役的免除及免除兵役之撤銷（略）

第二章 a　社會役

第六條 a　役別

　　一、社會役分成一般及特別社會役兩種。

　　二、一般社會役係指：

　　　1.履行依本法第八條一項之義務。

　　　2.本條三項情形發生時履行第八條 a 一項之義務。

　　三、特別社會役係指發生災害及特別事故時所履行之義務，特別是：

1. 依本法第二十一條一項；以及

2. 依本法第八條 a 第六項之義務。

第三章 一般社會役

第七條

一、所有未滿三十五歲之役男，皆應履行一般社會役義務。役男超過三十五歲時仍在服社會役者，應該繼續將社會役服完。

二、社會役之役期為十個月。如果比起社會役工作，該社會役的工作在體力、心理及時間上須付出更大程度時，役期可縮短到八個月。前述情形一般係指在社會及醫療機構擔任照料病患之工作而言。

三、（前項所稱之）更大之工作時間係指社會役工作平常在每個月內至少需要在晚間十時至次日早晨六時工作達六次，而每次夜間工作至少需六個小時而言。

四、服一般社會役應該持續的完成之，但第十二條二項、第十三條一項至三項、第十九條三項以及第十九條 a 五項之例外規定，不在此限。

第八條

一、役男應由聯邦內政部長指派至符合第四條規定之機構裡履行社會役義務。

二、只要與社會役之工作性質不妨礙時，役男至遲在服役期日開始前四個星期，應該收到聯邦內政部長所頒發之工作指

派令。

　　三、役男不能被指派到已經超過其申報可接受役男人數之機構裡服役。如果服務機構役男人數已滿額時，機構負責人應該應聯邦內政部長之請求，將下次有空缺之日期告知之。

　　四、涉及罷工或是被關閉之機構，不能指派役男去服役。

　　五、指派役男去服役時，應該考慮不會因此而影響現有職位者的工作機會，也不至於影響覓職者之就業機會。

第八條 a

　　一、聯邦內政部長得對認可機構的負責人（本法第四條一項）授權，對在其機構內服役之役男（本法八條一項），為完成依第二十一條一項之任務，而有權為下列之行為：

　　　1.在機構內自行指派工作。

　　　2.指派到聯邦內政部長所指定的其他機構內服務。

　　本法第二十一條之規定，準用之。依第一款及二款所為之服務，視為依第七條二項之一般社會役。

　　二、在為前項之授權時，應該考慮該機構運作所必須的一切因素。

　　三、在第一項之情形，認可機構之負責人得為執行職務而有對役男下命之權限。

　　四、對負責人依前項之命令，役男應立刻遵從之。

　　五、如果役男在原機構內並未被指派工作時，在其依第一項二款獲指派在其他機構內服務前，視原機構為其服務機構。

　　六、一般社會役依第八條一項之指派工作之期間超過法定

期間時，唯有聯邦內政部長認可有必要，且可依本法第二十一條符合特別社會役時，方得以部長之命令延長之。

七、省長及區主管官署應共同參與執行第一項及第六項規定之事項。

第九條

一、對役男之服役義務的指派，應該儘量配合役男本身的能力。對於役男的身體能否勝任於工作有質疑時，應該徵求其住所（如住所不明時，由其居所；如在國內沒住、居所時，則由首都維也納市）之公立醫院醫生給予檢查並提出鑑定報告。

二、役男不能在接獲工作指派時已服務之機構內，再度被分派服社會役；在接獲工作指派前一年內的服務機構亦同。

三、在分派工作之前，役男應該有機會表達其所希望之工作性質及工作機構。除非該項希望會違背社會役之需求，否則應該將役男該項希望列入工作指派的考量範圍。

四、部長及區主管官署在前第一項至三項規定之事項，應共同參與執行之。

第十條

一、如果役男在收到指派令前已主動申請在某一個依本法第四條獲許可之機構內服役，且可立刻投入此一般社會役之工作時，聯邦內政部長得依第九條三項之規定，給予該申請役男優先之指派令。

二、聯邦政府應該儘量創造足夠的社會役工作機會，讓每位役男最遲在其依本法（第二條一項及第五條四項）規定聲明

不願服兵役後之五年內，能應召服社會役。

第十一條

一、服役指派令上應該列明役男服務的開始日期和結束日期、服務機構的名稱、地點、負責人姓名以及工作之性質。同時命令中也應列明在本法二十一條所列之突發事變發生時，役男應履行第八條a第一項至五項所定之義務。

二、役男自指派令上所列明服役期間開始後，即成為社會役之權義之主體。

第十二條

一、在下列情形應免徵召服社會役：

1.已被法院判刑，或被判緩刑及假釋，在緩刑及假釋期間者；或在逮捕及其他官署之拘留，而在被逮捕及拘留期間者。

2.役男依第十九條二項之醫生檢查，認定在身體或精神方面對勝任社會役工作，有持續或暫行性之不能勝任，且對其回復服役能力並不能在可預見的時間內確定者。

二、如果役男另有第一項之情形，但已獲指派令者，聯邦內政部長應撤銷指派令。

第十二條 a

一、役男如果在外國已依一九八三年公布之「開發援助法」，服務至少滿二年，並獲聯邦總理證實者，可不必依本法第七條二項之規定，應徵服一般社會役。

二、擁有雙重國籍的役男，如果已經在他國服過兵役或其他社會役者——不論該國和本國有無外交協定，皆不必在依本法第七條二項所定之期間內服一般社會役。

第十二條 b

一、在下列情形役男亦不服一般社會役：

1. 在外國符合本條第三項之機構裡，至少連續依契約所定有服務十二個月以上之義務，且年滿二十歲以前者。

2. 這種服務係無償的。

3. 該項服務以參與解決國際社會及人道問題為宗旨者。

該機構之負責人有義務對於役男不必應召服社會役之資格存在不存在事由，向聯邦內政部長報告。

二、役男年滿三十歲，只要主張已有符合第一項之服務經歷，即可服一般社會役之義務。如果該服務係因不可歸責於己之事由致提早中止時，如果所已服務期間超過二個月時，應該列入社會役之役期。

三、本條第一項所稱之機構係下列之法人：

1. 不以營利為目的。

2. 係為了維護奧地利共和國之利益而服務者。

3. 其住所係在國外者。

對於上述機構的認定，由聯邦內政部長會同聯邦外交部長經聲請審核之。該認定亦可只針對該機構的某種計畫而為認可之。

四、前項之認定應指定認可之服務職務，並可給予附款。如果第一項三款及第三項之事由已不存在時，該認可得予撤銷。如果有其他重大理由，例如附款不能或在某限定期間內不能遵守時，亦可撤銷該許可。

第十三條

一、聯邦內政部長在下列情形時，得對役男——不論其已否開始服役——可免除其服役之義務：

1. 如果特別的公益或對役男重大的利益，例如國家經濟、家庭政策及開發援助之利益存在時，部長得依職權為之。

2. 役男如有個人經濟及家庭利益之因素存在時，可聲請部長免除之。

二、如果部長為此免除服役之決定，原有之服役指派令即失去效力。

三、部長已依第一項為免除服役之命令後，免役之理由不存在時，得撤銷免役之命令。

四、役男申請部長免除其服役義務之申請後，如果免役理由已不存在時，應該立刻通知部長，但有下述第五項之情形不在此限。

五、如果免役之理由係基於在服務關係內有職業行為者，則免役之決定，不僅應通知役男本人，也應通知其雇主。同樣的，第四項之通知義務也由雇主承擔之。

第十三條 a

一、依法成立之教會及宗教團體的下列成員，得免除服社會役：

　　1.傳教士。

　　2.已受過神學院教育，擔任傳教或講授神學課程者。

　　3.宣誓終身服務之教會人士。

　　4.神學院學生，預備擔任神職人員者。

二、前項之人員，在喪失其資格後，應立刻通知聯邦內政部長。

第十五條

一、一般社會役之役期由指派令（第十一條）所定之時間起開始計算。

二、下列之情形，其時間不列入服役之期間：

　　1.被逮捕或被其他官署所為之拘留之期間。

　　2.因役男個人故意或過失致不能執行勤務之期間。

三、聯邦內政部長應該確定役男依第二項規定所不能列入役期之日數。

第十七條

聯邦內政部長對役男在原機構內的工作，得為其他工作之指派，這是當：

一、因役男本身條件已不能再適合日前之工作。

二、該機構已不再需要役男之服務。

三、其他工作比較符合役男之利益者。

第十八條

在下列情形，聯邦內政部長得將役男調派到其他機構服務：

一、原機構已經喪失了其認可（本法第四條四項）接受役男之資格。

二、經過第十七條二款之考慮後，本機構已無需要役男之服務者。

三、經過第十七條一款之考慮後，役男已不適合在本機構內服務者。

四、本機構遭逢罷工及關閉之情形者。

五、其他機構更能符合役男之利益者。

第十八條 a

一、只要役男依本法第八條 a 及二十一條一項之規定有需要時，聯邦內政部長得命其接受為期三週之基礎訓練。

二、部長得將上述訓練委由各省執行之。如果各省不願接受委託，則可委由本法第二十一條一項所規定之機構來部分或全部的執行該訓練課程。

三、前項之機構接受委託後，其所支出之必要費用，可依第四十一條二項之規定請求補償之。

四、部長經眾議院內政委員會同意，得以命令公布該訓練課程之種類、範圍及期間。

五、役男應依第一項及四項之規定，接受基礎訓練。

第十九條

一、聯邦內政部長應依職權、役男或機構負責人之申請，

為第十七條及十八條之處置。

　　二、在第十七條一項或十八條三項之情形，如係涉及役男適合繼續服役與否的健康問題時，應該由機構當地公立醫院醫生為健康檢查。如果役男係住在機構當地以外之地區時，則由住所或居所所在地之公立醫院醫生檢查之。

　　三、如果第十八條一款至三款之要件存在，但無適當之機構職位可資調派時，部長得命役男暫停服役，但應儘早指派新的勤務。

第十九條 a

　　一、役男依第十九條二項之規定，獲醫生確認其不適再服役時，在醫生給予證明的當天，暫時離開職務。

　　二、所謂不適服役是指役男身體或精神都不能暫時或持續的履行勤務而言。

　　三、前項所稱之「暫時不適服役」係指役男在獲得醫生證明當日起，三十日內並不能復原，且役期會在此期間內屆滿而言。

　　四、如果役男不適服役係基於執行社會役而致健康受損時，則欲役男依第一項之規定，立即離開職務，必須獲得役男本人之同意方可。

　　五、當離職的原因消失後，應儘早給予役男新的指派令，來服完剩餘之役期。

　　六、役男暫時離職後，當離職理由消失後，應立即通知部長。

第二十條

依本章（第七條至二十條）規定之程序，不僅役男，機構負責人亦為當事人。

第四章　特別社會役

第二十一條

一、聯邦內政部長在發生天災、災難以及其他緊急狀態時，特別是當已發布動員徵兵令之時，得對役男就個人或時間發布必要之命令來執行特別的社會役任務。役男得被指派到認可的機構（本法第四條一項）來履行特別的社會役任務。

二、本法第八條（第二項不算）、第九條（第三項不算）、第十一條（第一項之與役期始點與終點有關者不算）、第十二、十三、十三a、十五、十七、十八、十九及十九a之規定皆準用之。

三、役男年滿五十歲者，其服特別社會役之義務即消失。

第二十一條a

一、役男依第二十一條一項所應擔負服特別社會役之義務，得由部長發布的公告產生之。這個公告得在各級政府的公告欄公告，或透過其他適當之方式，特別是透過廣播等大眾媒體及維也納之報紙來公布之。一經公布即產生徵召之效力。

二、上述的公布應該將役男服役的地點及時間加以指定。

第五章　役男之義務和權利

第二十二條

一、役男應遵照指派令上所定之日期，開始服役。

二、役男應遵守指派令所指定的任務，在指派的機構裡全心全力投入工作，並接受其上級長官（第三十八條五項）之指揮，準時且確實的服務。

三、如果社會役的工作有需要時，役男應該接受機構負責人或其委託人之教導。

四、役男對於服役處所的同仁應該保持合群的態度，不得產生緊張的關係。

五、假如機構之利益需要時，役男能夠短期的不分派其依本法第十一條一項所列明的工作，而分派本機構所執行其他任務之工作，但該工作亦不得係以暴力對待他人之工作（第三條一項）。

第二十三條

一、役男每日及每週工作的時間比照該職位本來的工作情形，該時間至少該和該機構內其他人作類似工作的時間相當方可。為役男健康所需之安寧睡眠及休閒時間，皆應予保障。聯邦內政部長應該經眾議院內政委員會同意，以命令制定關於役男服務有關的服役時間，特別是最少及最多執勤時間、勤務計畫、加班、補假、休假、加夜班、假期加班等規定。

二、役男對於勤務所聞知之機構、勤務及營業秘密應保守

秘密。其離職後亦同。

三、役男應該住在聯邦內政部長或機構負責人所安排的宿舍。

四、役男應配戴部長所頒發之服務證。在執行勤務時役男應該配載之。該證章視為役男之財產。證章之濫用及轉讓應予禁止。舊證章因非個人之故意過失致毀損、遺失或被竊，且可舉證證明時，可以請求免費補發新證。服務證章的形式、內容及效力等規定由部長以命令公告之。

五、役男亦適用勞動基準法、聯邦公職人員代表法以及各部公務人員代表法之有關規定。

第二十三條 a

一、役男之上級長官（第三十八條五項）對於服務特別多的役男，特別是加班甚多者，得以下列之標準放慰勞假：

　　1.以每次放假在不妨礙勤務之前提下，可放二天慰勞假。

　　2.在役男整個服役期間，總共放的慰勞假，在服十個月役期者（第七條二項前句），不能超過十天；在服八個月役期者（第七條二項後句），不能超過八天。

　　3.在役期係短過前項二款之時間者，則放假之日數依上述比例減少之。

　　4.放慰勞假的時間應斟酌職務需要後決定之。

二、役男之服務表現如有比第一項更大的成就時，聯邦內政部長得比第一項所規定的放（慰勞）假外，另外再給予三天

的假期。放假的日期亦應斟酌職務之需要以確定之。

三、除了第一項及二項之規定外，役男如果有其他緊急理由，特別是家庭或個人理由之需時，其上級長官得給予最多一個星期之假期。如果獲部長之同意，則可最多給予二個星期之假期。

第二十三條 b

一、役男如有不能履行勤務之理由時，應儘早通知其上級長官或機關所委託之其他人員，並解釋該理由。

二、因病而不能履行勤務時，應在生病的次日報告機構，並進行診療，並且在三日內應將醫生開具的生病證明及可能需要之時間送達給機構。

第二十五條

一、役男有下列之請求權：

1.薪餉（本俸和補貼）。

2.旅費補助。

3.疾病與意外保險。

4.家庭及住宿費之補助。

5.補償及特別津貼（服特別社會役時）。

6.工作環境的安全保障。

二、役男在下列情形時，亦有請求權：

1.住宿安排請求權。

2.膳飲請求權。

3.服裝。

4.衣物清潔。

第二十五條 a

一、役男依一九八五年公布之陸軍薪俸條例之給予士兵薪俸標準，享有每日薪餉、住宿、服裝及洗衣等之請求權（本俸及津貼）。

二、第一項之規定，每個月之本俸係以下列標準支給：

　1.依本法第八條一項、第八條 a 一項以及依第八條 a 六項之特別社會役，每月支三千一百零二先令。（一先令約合新台幣二元）。

　2.依第二十一條一項之特別社會役，支二千九百二十二先令。

三、依第一項規定給予之津貼，每月係以下列標準支給：

　1.依第八條 a 一項及第二十一條一項而服役者，支給六百先令。

　2.依第八條 a 六項而服役者，支一千二百先令。

四、如果聯邦或機構負責人有負責下列事項時，則上述役男之本俸中將扣除下列金額：

　1.工作服，每月三百七十先令。

　2.內衣及清潔，每月八十八先令。

　3.工作服清洗費，每月二百五十先令。

　4.內衣清洗費，每月三百五十先令。

第二十七條

一、聯邦或機構之負責人在下列情形時，應該負責役男的

住宿問題：

　　　　1.役男的住處離服役的地點，即搭乘大眾交通工具每日
　　　　　往返至少要二個小時以上者。如果役男有不只一個住
　　　　　處時，則以離服役最近的住所為標準。

　　　　2.役男的工作性質，以及勤務之需，而有安排住宿之需
　　　　　時，例如參加基礎訓練課程，以及依第八條a與第二
　　　　　十一條一項之服役。

　　二、如果役男每日赴工作地點往返不超過二個小時時，則
可住宿家中。這種情形應支付役男交通費。

第二十八條

　　一、役男有請求免費供給膳飲之權利。除非為了役男之利
益，或是因為役男個人之理由而有例外時，役男應該接受所安
排給予之膳食。

　　二、機構應該自設廚房，或是與第三人訂契約來供應役男
膳食。

　　三、如果機構不能完全或部分提供役男膳食時，應給予役
男誤餐費。在役男不能接受所安排之膳食時，亦同。

　　四、第三項之誤餐費標準，應依其應支付膳食費的平均數
值來計算。

　　五、在參加基礎訓練課程時（第十八條a四項），受委託
執行此訓練課程之機構負責人，應負責膳食之供應。

第二十九條

　　一、若職務的性質及工作所需，聯邦和機構負責人應該負

責供給役男服裝（工作服及內衣褲）。如果役男之服裝已依前述方式供應，則役男本俸中將扣除服裝費（第二十五條a）。

　　二、第一項之服裝的方式，範圍及使用期限等問題，部長在徵詢過社會役委員會之意見後，以命令訂定一個基本準則。此準則應該儘可能考慮工作場所（第三條）的工作特色，製作簡單、實用且符合季節所需之服裝。

　　三、為了保護役男生命及身體安全，應該依第三十八條四項之規定，準備防衛性之服裝。

　　四、役男應依第一項之規定，穿著第一項及第三項之服裝。

第三十七條

　　一、每個役男在服役之前、中及以後，皆可就一切與其服役有關之事項，向社會役顧問會申訴。

　　二、社會役顧問會應就申訴事項加以善後，並將決定知會部長後作成之。該顧問會為審核之需，得至某地方單位進行調查，亦得至管轄官署及服務機構處調閱一切資料。

第三十七條 a

　　一、每個役男都有權利向主管官署請願、陳情及申訴。

　　二、役男的申訴權包括可口頭或書面的就其服役所遭到欠缺、過分，特別是來自職務要求的不法及侵害，提出申訴。

　　三、聯邦政府應經眾議院內政委員會同意，就申訴與陳情之受理、處理及解決等問題，以制定命令之方式規定之。基本上應參酌現行服兵役役男之申訴制定並考量社會役之特性後，

制定之。

第六章　機構負責人之義務、其與聯邦之財務關係以及上級長官之義務

第三十八條

一、機構的負責人對在其機構服務之役男，有下列之照顧責任：

1.對役男的權利與義務，應充分的教導之。

2.對一般社會役工作所需之知識，應該循序漸進的訓練之。

3.如機構已授意委託提供基本訓練課程者，即應該執行之。

4.在第二款以外之情形而內政部另有訓練課程時，應令役男接受之。

二、如果機構負責人無法履行前項三款或四款之義務，則應將義務移由聯邦內政部長為之。

三、機構負責人應將役男依據服役指派令所定之範圍，給予最合適之工作。

四、機構負責人有保障役男生命、健康的義務，並且使其在執行勤務時能夠維護其道德性，並且比照其他在機構內服務者所適用的法規一樣，給予適當之待遇。

五、機構負責人應該向部長及役男公布，何人是役男之上級長官。負責人應向上級長官詳細說明其權利與義務。

六、上級長官在職權範圍內，有對役男監督及指揮之權。

七、對第一項一、二款之教導與訓練的種類、範圍及時間，由部長命令定之。

第三十九條

一、機構負責人另有下列義務：

　　1.當役男未履行第二十二條、二十三條之義務時，以及依據第十七條、十八條有變更服役指派令時，應立即通知聯邦內政部長。

　　2.役男有曠職時，應通知內政部長。

二、役男之上級長官應就前項事項，通知機構負責人。

三、役男之上級長官令其所屬役男為違紀行為，或不阻止其為此種行為時，應依一九九一年行政罰法第四十七條一項之規定處罰之。

第四十條

機構負責人應向地區主管官署報告所屬役男的服役情形，以及免費的提供一切有關資訊，俾使官署能夠對役男之行為以及機構之義務，進行監督。

第四十一條

一、機構負責人有向聯邦支付報酬之義務。該報酬的計算應特別斟酌社會役役男服務給機構所帶來之利益。

二、聯邦對下列機構因下述所生之費用，應給予補償：

　　1.對第四條一項所規定之機構：

　　　a.依第二十七條一項、第二十九條一項、第三十條第

　　　一句及二句等所支出之費用。

　　　　b.依第二十八條二項、三項所支付之（膳食）費用。

　　2.對第十八條a第二項機構所為依同條三項之支出。

　　三、聯邦得和其他機構負責人，就第一項及第二項之雙方財務關係，以簽訂民法之契約規定之，並得協議金額。

　　四、第一項所定之報酬應於派遣役男服務前確定之。

　　五、第一項至第三項費用的額度及其他原則，由聯邦內政部長以命令定之。

　　六、聯邦內政部長依前項所頒布之命令，應依本法第四條六項之規定公告之。

第四十二條

　　一、機構和聯邦因為聯邦補償機構財政所產生之法律爭端，由普通法院管轄之。

　　二、如果機構係在國外，則由其所在地之法院管轄之。

第七章　社會役顧問會（Zivildienstsrat）

第四十三條

　　一、聯邦內政部內設一「社會役顧問會」。

　　二、社會役顧問會之任務係：

　　　1.為部長依本法第二十九條二項及第三十一條三項（役男旅費補助）制定行政命令之事項，提供建議。

　　　2.為第三十七條之申訴事項的處理，以及建議部長對此申訴的解決方式。

3.對已經給予工作指派之役男，發現有犯罪之前科，而為撤銷該指派之處分。

4.依第四條五項之規定，作出意見書。

第四十四條

一、社會役顧問會由一位主席、數位副主席及委員若干人組成之。社會役顧問會之成員，由聯邦政府或政府授權之部長提名，由聯邦總統任命之。任期為三年。

二、委員若因故去職，且有補充之需要時，得再任命新的委員，其任期至原任任期屆滿時為止。

第四十五條

一、社會役顧問會之主席和副主席皆必須具法官資格，但在任命時必須是實任法官方可。

二、委員必須具有眾議院議員之選舉權者方可任命之。

三、委員因任期屆滿、喪失眾議院議員之選舉權以及以書面向社會役顧問會辭職後，而去職。

第四十六條

社會役顧問會之委員獨立行使職權，不受任何指示。

第四十七條

一、社會役顧問會分設數庭來執行職務。

二、每位委員得分別參加數庭。

三、每庭的成員組織如下：

1.顧問會主席或一位副主席擔任庭主席。

2.一位內政部之代表，但必須精通法律者來擔任引言人

（報告人）。

3.二位青年協會與團體之代表。該青年協會或團體係為促進青年經濟、社會、法律及文化發展而存在，且有代表性者。

4.二位由全國商會及工會所提名的專業人士之代表。該代表之專業以具有心理學之學歷為宜。

四、對於每庭會議的程序及準備事宜，由委員會之主席以命令制定之。

五、本條第三項三款及四款的提名決定人選，由聯邦內政部長裁決之。對同項一款有關具有法官身分之主席和副主席之任命，應參考一九六一年法官職務法第六十三條a二項之有關規定認定。在第三項三、四款具有提名顧問會委員人選的團體，在八週內並未提出人選名單時，在本屆任期內即喪失提名權。

第四十八條

一、在每次開會時，庭主席、引言人以及至少三位委員應該出席會議，方能作出有效之決議。

二、會議表決以過半數決為準。任何人不得投棄權票。當同票數時，取決於庭主席。

第四十九條

一、在每年終，主席應該召開一個各庭聯席會議，討論下年度的各庭事務分配事宜。同時對庭委員缺額遞補之先後問題進行討論。即使年度之事務分配已經討論完竣，但若發生事故

有調整之必要時，主席亦得逕行變更之。

二、主席若因故缺席，不能履行前項職務時，由最年長之副主席代行主席職務。

第五十條

對於顧問會所需之人事及事物，以及顧問會會務的運作，皆受聯邦內政部長指揮。

第五十一條

一、庭主席和引言人得根據聯邦旅費支付規則，請求支付旅費。庭主席亦可以請求支付鐘點費。其支付標準由內政部長和財政部長會同制定之。

二、各庭委員如有因公出差者，亦可比照公務員旅費支付標準支付旅費。如委員有參加其他討論會或委員會，亦可請求支付鐘點費，其支付標準由內政部長會同財政部長制定之。

三、前二項關於旅費及鐘點費之請求，由內政部長決定之。其費用亦由聯邦內政部支付之。

第五十二條

一、顧問會委員皆負有保密之義務。

二、顧問會委員若有違反規定之行為，或有二次無故不出席時，聯邦總統得經聯邦政府或其所授權部長之請，將該委員予以解職。

第五十三條

一、顧問會行使職務亦適用行政手續法之規定，但本法有特別規定者，不在此限。

二、針對第四十三條二項三款之申訴事宜，顧問會係為最高決定官署。對本顧問會之決定不服者，得向行政法院提起訴願。

三、地區主管官署對顧問會行使職務所需之調查及蒐證應立即給予協助。

四、各級官署及公務員在不違反其他法令之前提下，應該提供顧問會一切需要之資訊。

第五十四條

一、社會役顧問會之處務規則，由聯邦政府制定之。本規則應該仔細規定引言人及主席之任務，以及其他人受邀到顧問會參與開會之事宜。

二、顧問會主席每年至遲在三月十五日以前，應以書面向內政部長報告過去一年該會工作報告之內容，應作為修改社會役法及社會役顧問會處務規則之依據。

第七章 a　社會役委員會（Kommission）

第五十四條 a

一、聯邦內政部為了執行本條二項之規定，設置一個「社會役委員會」（Kommission）（以下簡稱「本委員會」）。

二、本委員會之職務係：

　　1.有關本法第四條 a 一項二款之社會役職務名額決定以及第七條二項、三項所規定之決定何者應服十個月或八個月之役期。

2.本法第二十八條三項及四項的誤餐費標準之決定事宜。

3.對前項之決定事宜，機構負責人和本委員會皆為當事人。

第五十四條 b

一、本委員會由主席、副主席以及委員組成。本會之成員，由聯邦政府或政府授權之部長提名；由聯邦總統任命之。任期為三年。

二、委員因故去職，且有補充之需要時，得再任命新的委員，其任期至原任任期屆滿為止。

第五十四條 c

一、本會分設數庭來執行職務。

二、每位委員得分別參加數庭。

三、每庭的成員組織如下：

1.本會主席或一位副主席擔任庭主席。

2.每省派代表一人出席，其人選由省長建議之。

四、前項一款之人選須具法官資格，並參考法官職務法第六十三條 a 決定之。前項二款之省長建議人選，由內政部長決定之。省長在八週內未提出建議名單，在本屆委員任期內即喪失建議人選之權利。

第五十四條 d

一、每次會議議決，除主席外至少應有四位委員出席表決方為有效。

二、會議表決以過半數為準。任何人不得投棄權票。當同票數時，取決於庭主席。

第五十四條 e

一、庭主席有依聯邦旅費支給標準，請求支付旅費及鐘點費之權利。其標準由內政部長及財政部長會同制定之。

二、前項之請求，由內政部長決定之，並由內政部支付之。

第五十四條 f

一、本會執行職務適用行政手續法，但本法有其他規定者不在此限。

二、本會係以最高官署地位作出裁決，不服者可向行政法院提出訴願。

三、地區主管官署對於本會執行職務所需之調查與蒐證，應立刻給予協助。

四、各級官署及公務員，在不違反其他法令之前提下，應提供本會一切需要之資訊。

第五十四條 g

本會應自行制定處務規則，其中應仔細規定主席、各庭主席及委員之任務，以及邀請他人參與開會之事宜。

第五十四條 h

本會對本法第五十四條 a 事項所為之決定後，至遲在生效四週內應通知該事項所管轄之省長及內政部長。

第五十四條 i

本法第四十五、四十六、四十九、五十及五十二條有關社會役顧問會之規定，準用之。

第五十四條 j

本會主席每年至遲在三月十五日以前，應以書面向內政部長報告本會過去一年之工作情形。

第八章　官署之監督

第五十五條

一、省長及地區主管官署應該負有監督役男依本法所產生之諸些義務之履行問題。

二、官署應該依本法第三十八條四項之規定，監督服役機構有無切實遵守法規照顧保障役男生命、健康及執行職務的道德性。

三、第一項之官署亦應監督服役機構有無履行其應盡之義務。但該機構係屬於聯邦、邦以及各級地方自治團體者，不在此限。

四、監督官署發現有違法情事，應立即報告內政部長。

第五十六條

一、役男都應在向警察局申報戶口時，申報自己的社會役義務資料，並填具申報單以及其他聯繫地址及方法。

二、役男欲出國達六個月以上時，應立即向內政部長報告。其返國後應在三個月內向內政部長報告，但對已確定不適合服社會役及已服完社會役，且確定不必再徵召者，不在此

限。

第五十七條

一、社會役的經費應在聯邦總預算草案裡，列為「社會役」之事項編列。

二、一九八一年起，聯邦內政部長每二年應向聯邦國會報告社會役實施及預算使用情形，該項書面報告應至遲在報告年度的四月十五日以前，併同依本法第五十四條二項所提出之報告，送交國會。

第九章　罰則

第五十八條

一、役男不依規定（第八條一項及二十一條一項）赴指定機構服社會役，以及有事實證明該役男係永遠不願履行此義務者，處一年以下有期徒刑。

二、役男對所安排之職務拒絕執行，而有永遠不履行社會役義務以及在發生緊急情況時不願接受徵召者，處一年以下有期徒刑。

三、役男若並非在發生緊急情況下而不願意接受徵召，卻是首次觸犯前述第一項及第二項之規定，但在六個月內自願履行此義務者，在第一項之情形，依第六十條（現已刪除）之規定處斷；在第二項之情形，依第六十一條之規定處理。

第五十九條

一、役男為避免完全或部分履行社會役義務，以及緊急情

況發生時的應徵，而自行使自己無法履行此義務者，處六個月以下有期徒刑。

二、役男意圖永遠免除服役或避免在緊急情況下發生避免被徵召之義務，而完全或部分的有欺騙情形時，亦同。

第六十一條

役男故意或過失不履行其職務達三十日以上，但未達第五十八條二項之情形時，應處以行政罰。由地區行政官署處三萬先令以下之罰鍰。如不繳罰鍰者，處六個星期以下之拘留或有期徒刑。在特別嚴重之情形，得併科罰鍰及有期徒刑。

第六十二條

一、役男意圖不履行義務，而故意的使自己完全或部分不適合服役，而至少達到三十日以上不履行義務，但未達第五十九條一項之情形者，應處以行政罰。由地區行政官署處三萬先令以下之罰鍰。如不繳罰鍰者，處六個星期以下之拘留或有期徒刑，在特別嚴重之情形，得併科罰鍰及有期徒刑。

二、役男意圖不履行義務而欺騙的以完全或部分不適合服役為藉口，致使職務不履行達三十日以上，但未達到第五十九條二項之程度者，應處以行政罰。由地區行政官署處以三萬先令以下之罰鍰。如不繳罰鍰者，處六個星期以下之拘留或有期徒刑。在特別嚴重之情形，得併科罰鍰及有期徒刑。

第六十三條

役男故意不接受其服務機構之命令，或不履行義務，或以第六十一及六十二條之方式拒絕服役，但未達到第五十八條至

六十二條之程度者，應處以行政罰。由地區行政官署處二萬先令以下之罰鍰。如不繳納者，處四個星期以下之拘留。

第六十四條

一、役男故意不遵守上級長官命令者，應處以行政罰。由地區主管官署處二萬先令以下之罰鍰。如不繳納者，處四個星期以下之拘留。

二、前項之規定，長官所發之命令如有下列之情形時，不適用之（免罰規定）：

    1.違反人類尊嚴。

    2.該項命令係非有權限之機關或人員而發者。

    3.和其他命令牴觸而無效者。

    4.命令係改變以前之行為將致服務之目的產生巨大不利者。

    5.與社會役工作並無關聯者。

    6.有犯罪之虞者。

第六十五條以下其他罰則（從略）

附錄三　義大利社會役法及修正方向

義大利社會役法

一九七二年十二月十五日公布

第一條

一、任何應徵服兵役之役男，若基於良知之理由，不能履行持武器兵役之任務者，得依本法轉服兵役替代役。

二、所謂基於良知之理由，係指基於深切的宗教、道德及哲學觀而產生的認知而言。

三、任何人在申請轉服社會役時，已依「公共安全法」第二十八條至三十條之規定，領有武器之許可或執照者，或是曾經非法擁有武器者，皆不能適用本法之規定轉服社會役。

第二條

一、前條一項之役男在接獲召集令六十日內，應將申請書送交役政機關。

二、役男有法定理由得緩召者，應在應徵服兵役前一年的十二月三十一日前，將申請轉服社會役之申請書送交予役政機關。

第三條

一、國防部長在徵詢委員會對申請人所提出良知理由存在與否的建議後，以命令為准駁之決定。

二、國防部長應在役男提出申請書後六個月內決定之。

三、在國防部長作成決定前，役男暫不必應徵入伍。

第四條

前條所稱之委員會由國防部長以命令組成之，其人員包括以下：

最高法院法官一名，擔任主席，人選由最高法院推選之；現役將官一名，由國防部長挑選之；大學哲學教授一名，由總理依總檢察長之建議決定之；心理專家一名，由總理挑選之；委員會之秘書行政事宜，由國防部指派秘書處一位軍官統籌指揮之。

委員會負責審核申請人所提良知理由存在與否之事宜，委員會委員任期三年，連選最多連任一次。

國防部長得成立一個以上的委員會。

第五條

一、依本法規定轉服替代役之役男，應轉服「非武裝兵役（後勤役）」或社會役，其役期較兵役長八個月。

二、聯邦政府得頒布前項實施規定之命令。

三、國防部長指派社會役之役男至教育民防或環保等社會服務之組織裡服役。

第六條

一、役男有下列之情形時，本法不再適用：

　1.役男在接受指派令十五日內不至服務機關報到者。

　2.因重大過失或有不能履行服務機關之任務者。

二、前項之情形，國防部長徵詢委員會之意見後決定之。

第七條

　　任何依本法服社會役者，不能擔任公、私機構之職員工作，亦不能為其他職業行為。違反者處一年以下有期徒刑。服兵役者亦然。

第八條

　　一、役男拒絕依本法之規定，履行服「非武裝」替代役或社會役者，如無其他更重大之犯罪時，處二年以上、四年以下有期徒刑。

　　二、除依本法已獲有許可後，在平時有本法第一條三項之情形卻拒絕服兵役者，依前項之規定處罰之。

　　三、役男得應召服武裝之兵役，而免除刑罰。

　　四、在第二項之情形，役男遭起訴及宣判後，仍得申請第二次指派職務；在第一項之情形，得指派至非武裝單位服兵役。

　　五、在第二項之情形，役男遭起訴及宣判者，僅得申請到武裝單位服役。

　　六、第四項之情形由國防部長經徵詢委員會意見後決定之。

　　七、役男遭判刑後申請服役者，自申請書被批准後，罪刑之宣告即失去效力。役男已受之刑期可抵算服兵役、非武裝役及社會役之役期。

第九條

　　一、服社會役之役男不得擁有或使用「公共安全法」第二

十八條至三十條所規定之武器或彈藥，亦不得從事與上述武器與彈藥有關之修復或運送等有關之任務。

二、公共安全機構亦不得對前項所禁止之行為頒予任何許可狀。

三、違反第一項規定者，如無其他更嚴重之犯罪外，處一月以上、三年以下之有期徒刑，並得併科四萬里拉以上、十七萬里拉以下之罰金。違反之役男並喪失享受本法之利益。

第十條

在戰時，凡應召服非武裝役或社會役者，得再應召服非武裝役，甚至履行危險之勤務。

第十一條

依本法服非武裝或社會役者，在社會、刑事、行政、紀律及經濟等待遇方面，應享受與服兵役一般之待遇。

第十二條

一、在本法實施以前，曾經因為良知理由拒服兵役，而遭受刑罰者，得於三十日內檢具申請文件，依第二條之程序，申請依本法第五條之規定，轉服非武裝役。國防部長在三十日內應該給予決定。

二、前項之日期，以收受申請書時起計算。

三、在收到國防部長之決定前，各刑事主管機構應中止刑罰之執行。自主管機關收受申請書時起，役男所受之刑罰即行失效，即使已實行完畢時，亦同。役男在監已服刑之期間，得抵算服非武裝之兵役和社會役之刑期。

第十三條

在本法公布時，已受徵召，但仍未達入伍期日之役男，得於本法公布的三十日內，依本法之規定提出申請轉服替代役。

義大利社會役法修正方向

一九九〇年聯邦上議院通過，現正由下議院審議

第一條

凡拒絕以持武器來行使暴力之役男，可以轉服社會役來履行憲法所規定之保衛國家之義務。但對下列役男申請服社會役者，應予拒絕。

一、申請時已即將入伍服役者。

二、曾犯有非法持有、運送、進出口槍械、火藥及其他爆炸性物質者。

三、曾參與顛覆國家或黑手黨等犯罪組織者。

四、曾犯有強暴、脅迫罪者。

第三條

凡依第一條規定申請服社會役者，最遲在收到徵召令六十日內應提出完整的申請書予管轄機關。申請書內應註明希望服役之性質、地點及機構。

第四條

國防部長在收到役男申請書，最遲應在六個月內決定該申

請案之受理與否。

第五條

　　全國社會役委員會負責批駁社會役之申請，本委員會由普通法院一位法官擔任主席，成員有一位國防部之代表、二位社會役服務機構之代表及一位秘書所組成。委員會之成員由聯邦總理所任命。本委員會設於國防部內。

第六條

　　服社會役之役男，在人權、行政、社會安全以及待遇方面，享受和服兵役者一樣之待遇。

第七條

　　役男申請轉服社會役，自許可之日起，應註銷其應服陸軍與海軍的義務名單之內，而改列在國家社會役之義務名單之內。

第八條

　　總理下設一個「全國社會役署」。本署係負責：

　　一、有關社會役役男的分派到民防機關或是已許可接受社會役役男之機構內服役。

　　二、與社會役工作機構簽訂協議。這些機構係政府行政機構以外之實施有關醫療、復健、矯治、社會救濟與進修、民防、藝術維修與環境保護以及森林防護與維護工作之機構。

　　三、和民防機構及其他機構合作對於役男所實行之職前訓練。

第九條

　　役男在接到免除服兵役而轉服社會役的許可後，至遲應在
三個月內指派社會役之工作。社會役役期應較兵役長三個月。

第十條

　　社會役署係負責登錄一切社會役役男及接受社會役男之機
構之主管機構。

第十一條

　　役男在服社會役之機關內不能被指派擔任專職或兼職性之
勞工或職員職位，而應只擔任役男之工作（以保障現有勞、職
工之工作機會）。

第十二條

　　被分派到民防機構之役男能被分發到接受地方或山地民防
機構直接或間接指揮的單位內服務。

第十四條

　　任何依現行法應召服社會役之役男，在發生公共災難時，
應接受徵召再服社會役。如地區舉辦之訓練時，亦同。

第十八條

　　任何經批准服社會役之役男，不得持有或使用任何武器或
彈藥。亦不得被派至任何直接和軍事有關之機構內服役。

第二十二條

　　本法修正公布後六個月內，聯邦政府經上、下兩議院同意
後應頒布有關役男申請之命令。

附錄四　葡萄牙社會役法

一九九二年第七號法律

葡萄牙國會茲依據憲法第一六四條、第一六八條及第一六九條之規定，制定下列有關「社會役法」之條文如下：

第一章　通則

第一條　拒服兵役之權利

一、人民因為良知之理由有拒絕兵役者，應依本法之規定申請轉服社會役。

二、人民因為拒服兵役，應該轉服社會役，不論在和平和戰時皆然。

三、在平時，人民若已服完兵役才取得因良知可拒服兵役之資格者，即不必再服社會役。

第二條　良知理由而拒服兵役者之定義

本法所稱之「基於良知而拒服兵役者（簡稱「役男」）」之定義為：任何人基於個人之良知——不論是宗教、道德、人道主義或哲學觀，認為無法許可自己行使任何形式的暴力來加諸他人之上，即使為了防衛國家或集體安全之目的，亦不得認可這種行使暴力之行為也。

第三條　告知資訊

一、人民在接受兵役徵召登記時，應有權利知悉現行法令有關社會役之制度。

二、社會役署、各直轄市之市政府、各地方之兵役機構、葡萄牙各駐外使館，應該主動或被動提供人民服社會役之法令

資訊。

第二章　社會役

第四條　社會役之種類

　　一、役男因為良知理由所轉服的替代役，應該是完全屬於非軍事性質的社會役，不能在屬於軍隊或軍事體系的機構內服役。社會役的工作應該為了社會目的，也使得役男有機會藉此義務發揮興趣及專業訓練之所長。

　　二、在本法公布後，社會役應該在下列領域內履行之：

　　1.在醫院及其他醫療單位內。

　　2.防治疾病及其他公共衛生維護之機構。

　　3.防治毒品、酒精中毒等其他藥物管制單位。

　　4.對殘廢、幼童及老年同胞之服務。

　　5.火災之協助（消防員）及海難救助員。

　　6.洪水、地震、癘疫及其他天災之防治。

　　7.交通事故的急救服務。

　　8.國家公園、自然景觀及其他保護區之防護與維護工作。

　　9.偏遠地區道路與交通的維護。

　　10.自然及古蹟保護工作。

　　11.社會統計調查工作。

　　12.防治文盲及其他文化提倡工作。

　　13.在非營利之社會、文化及家教的公共組織工作。

14.監獄及其他更生機構內工作。

三、社會役各類工作，依本法第五條至第八條之規定辦理。

四、社會役之工作不能影響現有的工作機會，特別不能作為取代參加罷工者職位之手段。

第五條　社會役役期及工作量

一、社會役之役期及工作量應該和兵役一樣。

二、前項所稱之役期一致係指役男應該在服役前接受三個月之期前訓練，而後服社會役之役期和兵役同。

三、前項之期前訓練分成一般訓練和特別（專業）訓練。特別訓練係針對役男日後將被派往服務之機構之性質而實施。

第六條　國際合作計畫

一、役男若是同意時，社會役亦得在海外實施。在海外履行之社會役，優先於海外葡萄牙屬地，以及非洲之採葡萄牙為官方語言國家及歐洲共同體之國家，並由法律定之。

二、前項規定役男至海外服役之條件、性質及待遇，由政府以命令定之。

第七條　待遇平等

一、役男所享受之待遇及社會保險費應和兵役役男一致。

二、役男之待遇包括房租及飲食津貼、交通補助費及其他比照兵役之待遇。

三、役男之緩召、中斷服役及免役之理由，皆準用兵役之規定。

四、役男在學校考試及其他試驗之待遇，亦應和服兵役者享受同樣之待遇。

第八條　社會役之任務與功能

社會役主管官署應該考量役男所擁有之教育及職業訓練之資歷以及其表現，來指派社會役之工作。

第九條　逃役之處罰

一、役男拒絕履行服社會役，或是在服役中沒有得到許可而逃役時，應依法律懲罰之。

二、役男曠職之日期，如果在連續曠職不超過五日、在不連續曠職不超過十日的限度內，得免予處罰。

三、任何役男沒有依法履行其社會役者，不能申請及保有任何公職職位。

第三章　役男之法律地位

第十條　役男地位之取得

役男之資格乃人民向主管官署提出申請後，由主管官署給予之。官署以申請人符合法定條件時方得許可之。

第十一條　平等原則

只要和役男之地位沒有妨礙，役男享有憲法及一般法律所給予及保障一般國民之任何權利。

第十二條　再徵召

一、國家在進入戰爭、戒嚴及其他緊急狀況時，役男應該如同服兵役役男之應召動員入伍一樣，應徵召再服社會役。

二、役男不能拒絕屬於社會性質之保護社會集體安全性質之法定的職務。

第十三條　排除事項

一、對役男不得有下列之情形：

1. 公開或私下使用或持有任何可歸類為武器之工具來完成之任務。

2. 獲得以擁有、保管及使用武器為目的之資格。

3. 在生產、修理或買賣武器與彈藥之場所，以及有關武器研究之機構內服務。

二、違反前項規定所給予役男之懲罰及所給予之資格皆失其效力。

第十四條　役男身分之消滅

一、役男身分依下列規定消滅之：

1. 故意犯有侵犯他人生命、健康、尊嚴、人身自由及妨害公共安寧、國家安全之罪行，經法院判處有期徒刑一年以上之確定判決者。

2. 依現行法令已履行其他義務致不能再履行社會役之義務者。

3. 本法另有規定者。

二、有前項規定之情形者，申請人應通知兵役及動員主管機關註銷役男之身分。

第十五條　身分消滅後之效果

役男喪失服社會役役男之身分後，應恢復服兵役。已服社

會役之日期可抵算入兵役之日期。

第十六條　身分證件

役男應頒予一個證明身分之特別證件。

第十七條　官方記錄

一、社會役署應該保存每個役男之最新資料。

二、役男有權在任何時候查閱其役男資料。

第四章　程序

第十八條　一般規定

一、申請取得役男之資格係一個行政案件。申請人應正式向主管官署聲明不願服兵役而願轉服社會役。

二、前項陳述得由任何成年人或是行為能力之國民提出申請。

三、申請者應檢送下列證件：

1.申請人之全部證件，包括身分證之資料、頒布日期、婚姻狀態、住所、教育及職業狀況與兵役戶籍所在地之名稱。

2.不願服兵役而所根據之良知理由——例如家教、道德、人道主義及哲學觀。

3.個人之兵役資料。

4.清楚陳述個人可以接受及勝任之社會役工作之種類。

5.清楚陳述沒有和本法規定所牴觸之行為。

6.公證人驗證之申請人本人之簽名。

四、申請人之申請書仍需遵守下列之規定：

　　1.三位擁有公民權利之公民，簽名證明申請人確有前項
　　　之良知理由。該簽名亦需公證人驗證。

　　2.申請人之出生證明。

　　3.申請人之刑事記錄證明（犯罪證明）。

　　4.其他申請人認為有用之證件。

五、任何不實之申請，依刑法第四〇二條之規定處罰之。

第十九條　確認

確認役男之身分係「國家社會役委員會」之權限。申請無
需繳費。

第二十條　申請期限

一、申請案得隨時提出之。

二、申請案得直接向國家社會役委員會提出之，或交由各
地方主管官署轉交之。

三、在前項之各地方主管官署應在收到申請書後五日內，
轉交至國家社會役委員會。

第二十一條　申請決定及補正

一、收到申請書後，國家社會役委員會應於十五日內對申
請書合不合格式，作形式上之審查。

二、如果委員會認為申請書不完備，或是陳述係不真實
者，得命申請人在二十日內補正之。

三、如果申請人不依前項之規定，在期限內補正者，委員
會得於五日內駁回申請人之申請，並正式行文予所管兵役機

關。

第二十二條　申請之結果

一、申請案獲得通過後，役男即刻免除服兵役之義務。主管兵役官署收到通知後應即刻登記之。

二、如果申請案係未在應召入伍前至少一個月（三十日）前送出者，或是係在服兵役時才送出者，在收到申請許可前，仍應履行兵役之義務。

第二十三條　駁回申請及聽證

一、申請案唯有在申請人為不實之陳述或是有符合本法不許可規定之情形時，方得駁回之。

二、駁回之決定作成前，應有讓申請人偕同一位律師出席委員會所召集的聽證會之機會。

三、在前項之聽證會上，應許可證人出席會議。

四、申請人應以口頭或書面提出申請，公開舉行聽證。

五、聽證會的主要目的應該針對申請之動機及申請人所主張之動機之方面。

六、申請人無故不出席聽證會者視為其放棄權利。

第二十四條　調查

一、委員會認為有必要時，得對申請案所陳述之事實進行調查。

二、各機關及個人對於前項之調查應盡力配合之。

第二十五條　裁決

一、委員會應該公正無私的行使裁決之職權。

　　二、委員會之議決採多數決。委員不得投棄權票。

　　三、委員會於收到申請書後，最遲在三個月內應為准駁之正式決定。

第二十六條　通知

　　一、委員會在作出裁決後，最遲在五日內應將結果及相關文件通知寄交申請人。

　　二、委員會一旦許可申請時，兵役機關、戶政及犯罪中心及社會役署皆應寄給申請人有關之證書。

　　三、委員會一旦駁回申請，應正式通知主管申請人之兵役機關。

第二十七條　訴願

　　一、申請人收到委員會之駁回後，得於二十日內向行政法院提起訴願。

　　二、有關急速處分之訴訟規定，準用之。

　　三、申請人在提出訴願後，在訴願審理期間內得準用本法第二十二條一項之規定，暫免服兵役。

　　四、訴願之程序係免費，但申請人申請案係虛偽不實而致駁回者，不在此限。在此情形應向申請人收取相當訴訟費用。

第五章　機構

第二十八條　國家社會役委員會

　　一、「國家社會役委員會」設於里斯本，和「社會役署」合署辦公。

二、本「委員會」由下列成員組成：

1.由高等司法委員會指派一位法官為主席。

2.一位經最高檢察機關指定具有專業知識背景之平民。

3.社會役署之署長。

三、社會役署對委員會提供一切後勤及行政之支援。

第二十九條　委員之地位

委員之任期為三年，享有獨立行使職權之權力。

第三十條　社會役署

一、社會役之推行及管理由社會役署負責之。

二、社會役署得因業務之需要，在各地設立各個分支機構。

第六章　紀律及懲罰措施

第三十一條　紀律

一、役男在服役期間，依中央及地方公務人員紀律規定之拘束，並依下列之特別規定處罰之：

1.曠職三日至三十日者科處其每日所得半數之罰鍰。

2.曠職三十日至九十日者，判刑並得併科每日所得半數之罰金。

3.曠職九十至一百八十日者，應先予停職及科處每日所得半數之罰金。

二、曠職三十日以上者，執行後應該調派另外之機構服務。

第三十二條　紀律處罰之機關

一、役男之紀律處罰的主管機關係同於一般公務員之處罰機關。

二、各紀律機關作成紀律處分後，應於三日內通知社會役署。

三、總理得指派一位政府閣員擔任社會役署副署長，負責有關役男紀律管理之事務。

第三十三條　刑罰規定

一、役男沒有正當理由而拒絕服社會役者，得處二年以下之有期徒刑。

二、役男沒有正當理由而曠職者，準用前項之規定。但役男已履行之服役期間應列入決定刑期之考慮。

三、役男在服役後之平時未應徵召主管機關所指派之其他職務，得處以六個月以內之有期徒刑。

四、役男在國家危急緊急時，不應召集者，得處以六個月以上、三年以下之有期徒刑。

五、依本條所規定之有期徒刑，不得易科罰金。

六、役男於取得役男身分後，未依法向社會役署通知下列之情事者，處三十日以內之有期徒刑。因為役男的住址變更，而不填寫及寄交通知書予社會役男，致無法應召集者，或是申請緩召，卻不能提出緩召之證明者。

七、依本法第一項至四項之規定而服刑者，其刑期應抵入社會役之役期。

八、役男服完刑後，如仍不能抵完社會役役期者，應至適當之機構補足社會役之履行。

第七章　最終及過渡條款

第三十四條　權宜規定

一、依據舊法（一九八五年第六號法律）而進行之訴訟，如至今仍未決定者，應交由國家社會役委員會依本法之規定決定之。

二、本法公布生效六十日內，法院應列表將未決案件送交予社會役署。

第三十五條　生效規定

本法在公布六十日內，正式生效。

第三十六條　廢止舊法

本法自一九九二年三月十二日公布，同日起一九八五年第六號法律及一九八八年第一〇一號法律皆失效。

附錄　葡萄牙憲法相關條款

第四十一條　宗教自由、良知自由

第六項：人民可因良知而拒服兵役之權利，受到法律之保障。

第二七六條　兵役及社會役

第三項：人民如不適合武裝之兵役時，得轉服不帶武器之兵役或社會役。

第四項：基於良知理由之人民得轉服社會役，其役期長度
　　　　及待遇應和兵役同。

附錄五　捷克社會役法

一九九一年十二月十二日修正公布

捷克與斯洛伐克共和國議院通過下列「社會役法」法案：

第一條　前言

一、任何適役青年若基於其良知或宗教信念，拒絕履行服常備義務兵役、後備兵役及動員徵召者（此三者以下簡稱「兵役」），應依本法履行社會役。

二、社會役之義務應於國家、地方政府機構及民營非營利事業機構內履行，特別是在醫療、社會服務、環境保護、天然災害防護等及其他有益於公共利益之範疇內工作。

三、社會役之役期應比服兵役者長一半之時間。

四、前項社會役之期間得由聯邦政府以命令縮短之。

五、服社會役之役男所享受之待遇，不能超過服兵役者之待遇。

第一章　拒服兵役之程序

第二條

一、凡基於本法第一條一項之理由，欲拒服兵役者，應依下述規定，以書面申請之：

　　1.在接受兵役徵召令後，最遲應在三十日之內提出之。

　　2.凡有具備可緩徵理由者，在理由消失後五日之內提出。

　　3.已由兵役期間內離職，但離職理由消失後五日之內提出。

　　4.後備役役男在每年一月三十一日以前提出。

　　二、凡超過前項所規定之期限，所提出之申請不得受理之。

　　三、凡提出申請者必須檢附理由及證據，以證明所依據之理由。

　　四、役男應將申請書交付給住所所在地之兵役主管機關或戶籍地相同等級之兵役機關。

　　五、申請人之申請，如符合本條第一及三項之規定者，兵役主管機關至遲應於五日內將全案轉送社會役主管機關。該機關由聯邦政府指定之。

　　六、役男得以書面向兵役機關申請撤銷轉服社會役之申請，兵役機關不得撤銷之。

　　七、兵役主管機關至遲在三十日內應通知役男及社會役主管機關該社會役申請之撤銷事由。

　　八、社會役主管機關應通知兵役主管機關該役男開始服社會役之時間。

　　九、兵役主管機關撤銷役男服兵役之義務，其日期自役男轉服社會役之日期開始。兵役主管機關應於十日內以書面通知役男及社會役機關上述兵役義務之依據。

第二章　社會役之徵召、開始及履行

第三條

　　一、凡符合本法規定得服社會役之役男，年滿十八歲後有

應徵召服社會役之義務。役男服社會役之義務自年滿三十八歲當年十二月三十一日為止前，皆有初次應徵服社會役之義務。社會役義務的完全免役，自年滿六十歲當年十二月三十一日為止。

二、役男應接受主管機關之徵召，在指定時間至指定地點服役。役男並應盡一切能力履行義務之要求。

三、社會役主管機關原則上應於收到役男申請轉服社會役二年內，頒發徵召令予役男。役男對前述徵召令不得提起異議。

四、社會役主管機關決定役男服役之處所。在徵召令上應註明其役期之始期及終期。

五、役男服役役期之計算，如無第四條之情形時，自役男報到時起計算之。

六、役男應召服役及退役返鄉之費用，應由服役地之社會役主管機關支付之。

第四條

一、役男得基於家庭、健康、社會及其他特殊理由，請求延緩或中止服役。

二、社會役主管機關得依役男之請求，予以緩召、中斷服役以及移轉到另一個服役機關。

三、役男之役期因役男遭到逮捕或被判刑而中斷。

四、役男請求緩召或中斷服役時，如果役男仍能於年滿二十五歲前──在有保證時，能遲至三十歲前──履行社會役者

為限，主管機關方得許可之。

五、役男如因健康理由，永遠無法勝任服役時，主管機關應免除其義務。

六、役男如非因自己之過失而不能應召服役者，在年滿三十歲當年十二月三十一日時起，主管機關得寬免其服役之義務。

七、役男如係國會議員者，在擔任議員之期間，其服役應予緩召或中斷之。

八、在大選開始時，役男如係政黨或其他政治團體之幹部、候選人時，在大選結束為止前應緩召或中斷其服役。

九、役男若係貿易工會之幹部，在面臨罷工或全國總罷工時，應緩召或中斷其服役。

十、役男如係在國外有住所，且本人在外國者，其在國外期間，應免予徵召。待其返國後即可徵召之。

第五條

一、役男服社會役時應享有其基本人權與自由權利。其限制惟依法方得為之。

二、役男應依服役機構負責人之命令，親自履行義務。該職務應該符合役男之健康及體能。

三、役男唯有獲得服務機關負責人或其代理人之同意，方得離開服役之城市。

四、役男在服役時，不得接受有酬性的聘僱，不能為營利事業單位之幹部。

五、役男依本條二項之規定服役時，應享有勞工法之有關規定，以保障其人權。

第六條

一、役男在服役時如有嚴重違規，或是違規再犯者，得以延長其服役期間作為懲罰之方式。前項懲罰由服務機構之負責人建議社會役主管機關後，決定之。該延長役期以不超過十四日為限。

二、役男在服役期間內如有曠職者，主管機關得將曠職時間予以延長入服役之期間。

三、對於本條第一及二項之處分，得提起異議。

四、主管機關亦得寬恕役男而不予延長役期。

五、本條之規定，如果刑法及其他法律有特別規定時，從其規定。

第七條

一、役男的服役機構應該提供下列的設備予役男：免費之住處及工作服、以服兵役之標準提供三餐及薪津（零用金）。

二、役男如果拒絕服役機構所提供免費食、宿，如果該食、宿是適當時，則不能請求給予補償（代金）。

三、服務機構如果不能提供役男食、宿之設施時，應依經費實際給予役男代金，以自行解決食、宿。

四、役男如果住宿於親友家，則不能請求支給宿舍代金。

五、如果服役處所有支付其他特殊之費用、危險加給以及休假時，服務機構應支付上述費用、加給及給予休假。

第八條

　　一、服務機構之負責人得命令役男待命服務。但每日應給連續的休息時間。

　　二、役男實際服勤之時間和其待命之時間應以輪班之方式安排之。在每兩次輪班之間至少應給予役男連續八小時的休息，每週至少應給予二十四小時的休假。

　　三、役男每週實際服勤之時間，不能超過勞工法令所規定之每週工作時數。役男在服務機關待命之時間不列入其實際服勤之時數。

第九條

　　一、役男在服社會役時的請假期限準用服兵役者之請假規定。

　　二、准假之開始時間由服務機構之負責人決定之。

　　三、服務機構之負責人得給予役男特別之假期，其准假理由及日數，準用服兵役者之規定。

第三章　暫行、共同及最後條款

第十條

　　凡是依舊法（一九九〇年第七十三號法律）之規定拒絕履行兵役而服社會役之役男，應服較其所未履行之兵役役期長一半役期之社會役。

第十一條

　　一、聯邦國防部長能對於已在一九九〇年第七十三號舊法

公布前，主張基於良知或宗教理由不願服兵役者，予以除役。

　　二、社會役主管機關能夠對於已在一九九〇年第七十三號舊法公布前，主張基於良知或宗教理由而不願服兵役者，寬免其服社會役之義務。

第十二條

　　在國家進入緊急狀況時，申請轉服社會役不得受理之。

第十三條

　　社會役主管機關依一般行政程序法令之規定，執行本法。但本法有特別規定者，從其規定。

第十四條

　　一、本法之施行細則由聯邦政府公布之。

　　二、役男在執行社會役時對服務機構造成損害，或服務機構對他人造成損害時，準用服兵役者機關之規定。

第十五條

　　一九九〇年第七十三號法律第一條至十一條、第十六至十九條之規定刪除之。

第十六條

　　本法自公布日起施行之。

附錄六　兵役替代役法草案

（民國八十八年十月內政部部務會議通過）

條　　　文	說　　　明
第一章　總則	章名
第一條 　本法依兵役法第一條第二項規定制定之。本法未規定者，適用其他法律之規定。 　本法之施行，以不影響兵員補充，不降低兵員素質，不違背兵役公平為原則。	一、依兵役法修正草案第一條第二項規定「在平時國防軍事無妨礙時，得以其他方式替代之，替代役之服役、除役，另以法律定之。」 二、「其他法律」係指兵役法、兵役法施行法、妨害兵役治罪條例、民、刑法及行政程序法等相關法律。 三、明定替代役之實施原則。 四、國防部建議於兵役法修正草案之第十四條或第十六條訂定法源較妥。 五、法務部建議「不須依據兵役法為法源」。
第二條 　本法之主管機關為內政部。	明定替代役主管機關。
第三條 　本法所稱兵役替代役（以下簡稱替代役），指役齡男子於需用機關擔任輔助性工作，履行政府公共事務或其他社會服務，以替代服兵役之義務。	一、徵服替代役役男接受軍事基礎訓練與專業訓練後，依需用機關命令赴服勤單位服務。 二、替代役役男服役，並不占機關員額編制。
第四條 　替代役之類別區分如下： 　一、社會治安類： 　　⑴警察役。 　　⑵消防役。	經行政院兵役替代役推動委員會第二次委員會決議，並與相關部會多次開會研商結果，以社會治安及社會服務為首要考量，爰區分之主要類別如下，並於施行細則規範。

條　　文	說　　明
二、社會服務類： 　(1)社會役。 　(2)環保役。 三、其他經行政院指定之類別。 替代役類別實施順序及人數，由 行政院定之。 基於國防軍事需要，行政院得停 止辦理一部或全部替代役徵集。	一、社會治安類 　(1)警察役：擔任機動保安警 　　力、守望相助社區巡守員、 　　交通助理人員、鑑識人員、 　　與矯正機關勤務及駐校警衛 　　（內政部警政署、法務部、 　　教育部）。 　(2)消防役：擔任救災、傷病患 　　救助等輔助勤務（內政部消 　　防署）。 二、社會服務類 　(1)社會役：包括擔任獨居老人 　　與病、殘榮民及身心障礙者 　　之居家照顧及機構照顧等輔 　　助勤務（內政部社會司、行 　　政院退輔會），以及山地離 　　島偏遠地區醫事服務、防 　　疫、食品衛生之稽查、保健 　　等輔助勤務（行政院衛生 　　署）。 　(2)環保役：包括環保稽查、檢 　　驗、資源回收、環境清潔、 　　輻射建築物偵檢等輔助勤務 　　（行政院環保署）；河川巡 　　防、水井查察、水源區保 　　育、閘門安全維護等輔助勤 　　務（經濟部）；山坡地保育 　　及野生動物獵捕查緝等輔助 　　勤務（行政院農委會）；原 　　住民保留地、自然生態及觀

條　　文	說　　明
	光遊憩等輔助勤務（行政院原住民委員會）。 三、考量爾後可能增加之不同需求，如海岸巡防、教育、體育、古蹟維護、海外合作、災區重建等，則由行政院決定。 四、明定基於國防軍事需要，得停止辦理一部或全部替代役，以符兵役法第一條規定。
第五條 　中華民國男子年滿十八歲之翌年一月一日起役，並得依志願申請服替代役，至屆滿四十歲之年十二月三十一日除役。 　前項申請人數，多或少於核定人數時，以抽籤決定之。 　因宗教信仰因素申請服替代役者，得免參加前項抽籤。 　依兵役法免役、禁役者，分別免服、禁服替代役。	一、明定役男服替代役之起役、除役年齡與產生方式。 二、明定替代役役男及免役、禁役條件。 三、宗教信仰因素服替代役者，須從嚴審查，且役期較長，無名額限制，故不需參加抽籤。
第六條 　替代役役男於接受第十七條軍事基礎訓練期間及替代役服役期滿後，服戰時勤務期間，具有現役軍人身分。但因宗教信仰因素服替代役者，不在此限。 　替代役役男服替代役勤務期間（以下簡稱服役役男）之身分，依其所服替代役類別之法令規定。	一、明定替代役役男於接受軍事基礎訓練與服役期間及服戰時勤務期間之法律身分定位。 二、本條第一項所定替代役役男是否具有現役軍人身分乙節，報請行政院核議時政策決定。 三、宗教信仰因素服替代役者，不參加軍事訓練，其基礎訓練併專業訓練，由需用機關辦理。

條　　文	說　　明
第二章　服役規定	章名
第七條 　服替代役之役期較服常備役役期長二個月。 　因宗教信仰因素申請服替代役者，其役期應較服常備役役期延長二分之一。 　替代役役男服役期滿者，由主管機關製發證明書。	一、行政院兵役替代役推動委員會第三次委員會決議：「其役期原則上可較常備兵役提前退伍後之役期（即一年十個月）稍長，暫定替代役役期為二年。」 二、為避免造成以宗教信仰區畫服替代役申請浮濫，參考歐洲現況，其役期宜較常備役役期長二分之一。 三、明定製發替代役役男服役證明書之主管機關。
第八條 　服役役男薪俸等級區分如下： 　一、第一年比照國軍義務役士兵一等兵及二等兵月薪之平均數發給。 　二、第二年比照國軍義務役士兵上等兵及一等兵月薪之平均數發給。 　三、遴用之管理幹部：比照國軍義務役士官下士月薪發給。 　服役役男之地域加給、主、副食費，比照國軍義務役士兵標準。 　服役役男薪俸、地域加給及主、副食費由主管機關統籌編列；其發放辦法，由主管機關擬訂，報請行政院核定。	一、明定替代役役男薪資給付標準。 二、替代役既為兵役制度之一環，其役男之薪資給付，自應比照常備役役男。 三、目前國軍二等兵月薪約五千五百四十五元，一等兵月薪約六千零六十元，上等兵約六千五百九十五元，下士一萬零四百六十元，替代役役男薪給比照常備役之上等兵、一等兵、二等兵之月薪平均數為計算標準，並依等級區分如下： 　⑴替代役役男 　　1.第一年五千八百零三元。 　　（薪給一級） 　　2.第二年六千三百二十八

條　　　文	說　　　明
	元。（薪給二級） (2)管理幹部（每年平均擇優遴選十分之一役男培訓為管理幹部）：比照國軍下士月薪一萬零四百六十元。
第九條 　主管機關每年擬訂年度綱要計畫，決定替代役實施類別人數，呈報行政院核定。 　需用機關應於每年八月三十一日前依據年度綱要計畫，就其需求人數、專業訓練、服勤地點、住宿及管理，擬訂實施計畫，送請主管機關訂定年度替代役徵集配賦計畫。	一、由於替代役之服役類別與性質各異，需用機關每年所需人數亦不相同，為求有效運用役男資源，由主管機關彙整擬訂所需類別人數，以統一事權。 二、各需用機關依據行政院核定之年度綱要計畫，應就其所需人數、訓練、服勤地點、住宿及管理，擬訂實施計畫。 三、配合國軍兵額配賦時程為每年六月底以前，需用機關應於八月三十一日前擬訂實施計畫，送請主管機關訂定年度替代役徵集配賦計畫。
第十條 　應受替代役徵集之役男，具有下列情形之一者，得予延期徵集： 一、依宗教信仰因素申請服替代役，經兵役替代役委員會審核，尚未決定者。 二、犯最輕本刑為有期徒刑以上之罪尚在偵審中者，或犯罪處徒刑在執行者。 三、其他重大事故，非本人不能處理者。	明定替代役延期徵集條件。

條　　　文	說　　　明
前項延期徵集原因消滅時，仍應受徵集。	
第十一條 服役役男有下列情形之一者，停服替代役，稱為停役： 一、經診斷確定罹患足以危害團體健康及安全之疾病者。 二、病傷經鑑定不堪服役標準者。 三、因家庭因素，須負擔家庭主要責任者。 四、有犯罪嫌疑在羈押中，或經判處徒刑、拘役在監所執行者。 五、因案經宣告強制矯治處分者。 六、無故離開服勤處所，依法通緝中或已逾一個月者。 七、失蹤逾三個月者。 前項停役期間不算入替代役役期。	一、除第一項第三款外，比照常備役停役條件訂定。 二、停役之意涵，並非自停役之日起即無需再服替代役，俟停役原因消滅後，即應再服其未服滿之役期。 三、停役期間不算入服役役期。 四、本條期間之計算，依民法第一百二十條至第一百二十三條及行政程序法第四十八條規定辦理。 五、替代役役男依規定應停役者，需用機關應繕造停役名冊，檢具證明文件，函送主管機關審定，並副知其戶籍地役政單位。主管機關核定後，通知需用機關、役男本人或其家屬及戶籍地各級役政單位，由各級役政單位辦理停役登記與處理。 六、因家庭因素申請停役之案件，各地方役政單位應詳確調查役男家況實情，並附相關佐證資料，報由主管機關核定之。 七、矯治處分包含：因案經宣告強制工作、感化教育、監護、禁戒、強制治療、觀察勒戒、強制戒治及因流氓案件經裁定感

條　　文	說　　明
	訓處分者。
第十二條 　停役原因消滅者應予回投，並回原服勤單位繼續服勤，補足其應服之役期。 　依前條第一項第一款至第五款規定停役者，得審查役男實際情形，核定免予回役。	一、明定役男停役原因消滅後之回役機關與審核機關。 二、經核定停役者，各列管役政單位得指派督導人員定期或不定期訪查，層轉內政部審查，以決定其應否回役。
第十三條 　服役役男具有下列情形之一者，經主管機關核定後，得辦理轉服服役類別： 　一、病癒後體能狀況已不適服原類別之機關勤務者。 　二、家庭發生重大變故。 　三、其他特殊事故。	一、明定因身體狀況、家庭及其他特殊事故，不適合原服役類別，得轉服其他類別。 二、「特殊事故」須附佐證資料，由地方役政單位初核後，層轉主管機關審定。
第三章　行政組織	章名
第十四條 　主管機關為辦理兵役行政及替代役行政業務，設役政署；其組織以法律定之。 　直轄市、縣（市）政府役政局，依本法受主管機關指揮、監督執行替代役業務之義務。	一、設中央專責及地方執行機關，辦理兵役行政及替代役有關業務。 二、行政院兵役替代役推動委員會第四次委員會議決議：「有關役政一元化問題，由於牽涉廣泛，暫不討論，請內政部先成立『役政署規劃小組』，並即展開各項推展工作」。 三、考試院銓敘部及行政院研考會、人事局等機關建議：「依中央政府機關組織基準法（草案）規定，各機關之設立不得

條　　　文	說　　　明
	以行政作用法作為法源依據，本章建議刪除，有關役政組織問題，宜參考兵役法體例，作一概括規定」。 四、內政部意見： 為因應替代役業務實務需要，應儘速依行政院兵役替代役推動委員會第四次委員會議決議成立役政署規劃小組。又為執行兵役及替代役事務，役政組織應一元化，主管機關除應成立役政署外，並應設置地區體驗訓練中心、役政處，各就主管事項，分別辦理各管區之兵役行政及替代役行政有關事務。有關役政署、地區體驗訓練中心及役政處之組織，另以法律定之。
第十五條 　主管機關為辦理需用機關年度實施計畫之審查、宗教信仰申請案件之審議及重大爭議案件處理等事項，設兵役替代役委員會；其組織規程，由主管機關擬訂，報請行政院核定。	一、參考歐洲實施社會役國家之組織體系，明定主管機關得設兵役替代役委員會之組織及其主要職掌。 二、實施計畫應包括替代役需求人數、專業訓練、服勤地點、住宿及管理事項。 三、兵役替代役委員會主任委員，由內政部部長兼任，委員得遴聘相關機關代表、社會公正人士及役男代表擔任。 四、銓敘部及行政院研考會、人事

條　　　文	說　　　明
	局等機關建議：「兵役替代役委員會之組設建議依內政部組織法第九條規定設置，毋須於本法制定」。
第十六條 　替代役有關員額配賦、服役類別人數、基礎訓練及權益事項，由主管機關主管；有關服役管理、專業訓練及職務調派，由需用機關主管。	一、明定主管機關與需用機關之分工與主管事項。 二、需用機關依年度分配服役類別人數，自行調派役男服勤性質及服勤地點。
第四章　訓練服勤管理	章名
第十七條 　訓練區分為軍事基礎訓練及專業訓練。 　前項軍事基礎訓練由主管機關會同國防部辦理，專業訓練由需用機關辦理。	一、明定實施訓練之區分。 二、軍事基礎訓練在灌輸服勤須知及奠定服勤基礎，專業訓練在增進專業技能及強化本職學能。軍事基礎訓練由主管機關會同國防部辦理，專業訓練由需用機關負責。 三、德國特設「社會役學校」專辦役前訓練，使服社會役男擁有執行勤務之初步技能。
第十八條 　主管機關得依需用機關要遴選優秀替代役役男，經幹部在職訓練後擔任管理幹部。	賦予管理幹部任用法源，明定管理幹部的地位。
第十九條 　主管機關及需用機關均應編立服役役男役籍及管理名冊，實施列管及異動管理。	明定應編立役籍及管理名冊，便於替代役役男列管及異動管理。
第二十條	一、明定服替代役之膳食以統一辦

條　　　文	說　　　明
服役役男膳食由訓練及服勤單位負責辦理；必要時，得發給主、副食代金。	理為原則，如人數及勤務關係，必要時可發給主、副食代金，由其自理為例外。 二、德、奧、捷等國由社會役服役機構負擔住宿、膳食、工作服裝費。
第二十一條 　需用機關應依服勤性、管理及行政支援能力，決定服勤、服裝、住宿、管理等方式及時數，應於單位服勤管理規定中訂定，送請主管機關備查。	一、明定服勤、服裝、住宿、管理及時數方式決定之權責機關。 二、集中住宿：適用服勤人數眾多、服勤單位著重團體紀律與行動，由服勤單位集中留宿與管理。 三、返家住宿：服勤人數過少、服勤地點分散、無營舍不易集中管理，家貧需照料親人，可配合戶籍地及志願分發返家住宿，定時管制服勤。 四、個別住宿：因應服勤單位人數少、地點偏遠、集中不易，由服勤單位提供住宿，採定時管制服勤，由服勤單位首長負責管理。 五、德、奧、義、芬等國以集中住宿為原則；荷、捷、瑞以返家住宿為原則。
第二十二條 　主管機關及需用機關均應定時或不定時派員對訓練及服勤單位實施督導考察。 　服役役男發生重大事故時，服勤	一、明定督導的權責、方式範圍、建立督考機制，發揮督考功能。 二、明定發生重大事故之處理機制。

條　　文	說　　明
單位應依規定報告並妥為處置，需用機關並應於二十四小時內通報主管機關備查。 服役役男違反紀律、服勤怠惰，屢犯而不堪教誨者，由主管機關實施八週之輔導感化紀律教育；必要時，得延訓一次。	三、針對違反紀律、服勤怠惰役男，建立輔導感化之教育機制，以淨化基層，確維團體紀律。
第二十三條 　服役役男之役籍、訓練、服勤及督導考核等事項；其管理辦法由主管機關擬訂，報請行政院核定。	明定替代役訓練服勤管理辦法擬訂權責機關與範圍。
第五章　權利義務	章名
第二十四條 　服役役男除本法另有規定者外，得享有下列權利： 一、學生保留學籍，職工保留底缺年資。 二、參加政府舉辦之考試時，得給予公假。 三、乘坐公營交通運輸工具或進入公營歌劇影院等公共娛樂場所時，得予減費優待。 四、其家屬不能維持生活時，得由政府扶助。 五、因公死亡者，政府負安葬之責。 前項服役役男權利實施辦法，由主管機關擬訂，報請行政院核定。	一、明定服替代役時，得享有之權利事項。 二、替代役役男以履行政府公共事務為其勤務範圍，以替代服兵役之義務，故役男於服替代役期間，比照服常備兵役者，學生得保留學籍、職工保留底缺年資、參加政府考試得給予公假、乘坐公營交通運輸工具或進入公共娛樂場所，得予以減費，有關權益範圍、程序等實施辦法，由主管機關擬訂，報請行政院核定。 三、第一項第二款所稱參加政府舉辦之考試，如高等、普通、特種或檢定……等考試。 四、服兵役替代役之役男，其勤務

條　　　文	說　　　明
	為增進政府公共服務能力，保障人民生命財產安全，屬義務性質，故第一項第三款明定其搭乘公營之交通運輸工具或進入歌劇影院等公共娛樂場所時，得比照常備兵予以優待。 五、第一項第四款所稱家屬係指下列三種： ⑴配偶。 ⑵直系血親。 ⑶其他依法規受役男扶養且共同生活之人。 七、替代役既為兵役之一環，服替代役之役男，亦為依法律盡國民之義務。是以，第一項第五款對因公死亡之役男，宜比照服常備兵，由政府負責安葬。
第二十五條 服役役男服役期滿後，得享有下列優待： 一、轉任公職時，其原服替代役之年資，得依相關法令規定，比照義務役辦理。 二、因公負傷者，於轉任公職時，其考試之優待，準用後備軍人轉任公職考試比敘條例第四條之規定。 三、報考專科以上學校新生或轉學生時，除研究生及學士後各學系學生外，其考試成績	一、明定服替代役役男，於服役期滿後，得享有之優待事項。 二、司法院八十七年六月五日釋字第四五五號解釋略以：「國家對於公務員有給予俸給、退休金等維持其生活之義務。軍人為公務員之一種，自有依法領取退伍金、退休俸之權利，或得依法以其軍中服役年資與任公務員年資合併計算為其退休年資；其中對於軍中服役年資之採計並不因志願役或義務役及任公務員之前、後服役而有

條　　　文	說　　　明
加分優待，準用退伍軍人報考專科以上學校優待辦法之規定。	所區別。軍人及其家屬優待條例第三十二條第一項規定，『後備軍人轉任公職時，其原在軍中服役之年資應予合併計算。』即係本於上開意旨依憲法上之平等原則而設……。此項年資之採計對擔任公務員者之權利有重大影響，應予維護……。」 三、第二款比照軍人及其家屬優待條例第三十六條規定，明定因公負傷之服役期滿役男轉任公職考試之優待。 四、軍人及其家屬優待條例第三十六條規定如下： 後備軍人轉任公職時，其考試與比敘另以法律定之。 五、第三款參照教育部所定退伍軍人報考專科以上學校優待辦法，明定服役期滿役男報考專科以上學校新生或轉學生時，考試加分之優待。
第二十六條 服役役男之家屬，有下列情形之一者，停止第二十四第一項第四款規定之權利： 一、喪失國籍者。 二、判處徒刑在執行中者。 三、在通緝或協尋中者。 四、配偶離婚、女出嫁或子為他	一、以列舉方式明定服兵役替代役役男之家屬，停止適用本法有關權利事項之原因。 二、本條所稱家屬係指下列三種： (1)配偶。 (2)直系血親。 (3)其他依法現受役男扶養且共同生活之人。

條　　文	說　　明
人贅夫者。 五、為他人養子女者。	
第二十七條 　持有撫卹令之服役期滿役男或遺族，在領卹有效期間，其權利得準用第二十四條第一項第二款至第四款規定。 　前項遺族正在就學者，其所需費用之優待，準用軍公教遺族就學費用優待條例規定。	一、比照軍人及其家屬優待條例第四十四條規定，明定替代役服役期滿役男或遺族之優待。 二、軍人及其家屬優待條例第四十四條有關遺族之優侍之規定如下： 　持有卹亡給予令之軍人遺族，除依軍人撫卹條例及有關法令規定辦理外，其在領卹有效期間，並得參照本條例第三章第二十三條至第二十九條之規定予以優待。
第二十八條 　服役役男應履行下列義務： 一、應宣誓效忠中華民國。 二、應遵守政府機關之相關法令。 三、對公務有保守秘密之責任，除役後，亦同。 四、應遵守主管機關及服勤單位所定之勤務規定及命令。 五、服役期間不得從事兼職、兼差及其他營利行為。	一、明定服替代役期間，應盡之義務。 二、鑑於服替代役役男係分別於需用機關服輔助性勤務，自應分別其勤務性質，遵守服勤單位所定之規定及命令。 三、防止替代役役男服役期間，兼職（差）謀利而怠忽職守。
第二十九條 　服役役男因婚、喪、疾病或其他正當事由，得予請假。 　前項請假規定，由主管機關訂定。	一、明定替代役役男請假之法源。 二、現行國軍人員休（請）假作業規定如次： 　⑴休假：指國定紀念日、民俗節日及星期例假日之休假。

條　　文	說　　明
	(2)榮譽假：如參加考試或接受檢查成績優良，或在營內外有優良事蹟者，得核給三日以內之榮譽假。新兵完成新訓後，依需要核給六日以上之榮譽假。
	(3)公假：以個人身分參加政府召集之集會或舉辦之考試等，得按權責核給公假。
	(4)病假：病假一次不得三十日，續假合計前假以六個月為限，超過六個月者，由人事管理單位，按有關規定處理。
	(5)婚假：奉准結婚，由所隸單位主管給十四日之婚假。
	(6)喪假：
	1.父母、養父母、配偶死亡者給假二十日。
	2.繼父母、配偶之養父母、子女、配偶之父母死亡給假十日。
	3.曾祖父母、祖父母、兄弟姊妹……等死亡給假五日。
	(7)事假：除有特殊事故必須本人親自處理者外，原則上不給事假。
第三十條 　服役役男於服役期間結婚，應於	參酌現行軍人婚姻條例之精神，明定替代役役男於服役期間之結婚相

條　　　文	說　　　明
一個月前繕具結婚報告表，報請核准。	關規定。
第六章　撫卹	章名
第三十一條 　服役役男傷殘或死亡應予撫卹者，由主管機關發給撫卹令及撫卹金。 　撫卹金發給規定如下： 一、死亡者：發給死亡撫卹金，以其遺族為受益人。 二、傷殘者：發給傷殘撫卹金，以其本人為受益人。 　第一項撫卹金之領受權利及未經具領之撫卹金，不得扣押、讓與或供擔保。	一、明定撫卹令、撫卹金之發給及受益人與撫卹權保障之規定。 二、第三項比照軍人及公務人員撫卹權保障之規定，明定禁止撫卹金領受權為扣押、讓與或供擔保以為撫卹權之保障。 三、軍人撫卹條例第三條有關撫卹令之發給及受益人規定如下：軍人傷亡應予撫卹者，由國防部發給撫卹令及撫卹金。撫卹金發給規定如左： ⑴死亡者，發給死亡撫卹金，以其遺族為受益人。 ⑵傷殘者，發給傷殘撫卹金，以其本人為受益人。
第三十二條 　傷殘或死亡之種類如下： 一、因公死亡 二、因病或意外死亡。 三、因公傷殘。 四、因病或意外傷殘。	一、明定傷殘或死亡之種類以為撫卹給予之要件。 二、第一款、第三款所稱因公死亡或傷殘，係指具有下列情形之一者，並於施行細則規範。 ⑴冒險犯難，因而殉職者。 ⑵執行勤務，因而死亡者。 ⑶為保衛公共安全或救護公物，因而死亡者。 ⑷為救護公共災害，因而死亡者。 ⑸因公往返訓練或服勤場所發

條　　　　文	說　　　明
	生意外，因而死亡者。 (6)在訓練或服勤場所發生意外，因而死亡者。 (7)因公差遇險或罹病，因而死亡者。 (8)前各款原因所致之傷殘者。 三、第二款、第四款所稱因病或意外死亡或傷殘，係指服役役男於服役期間患病死亡，為因病死亡；於服勤場所以外，非因執行公務遭遇意外事故死亡者，為意外死亡。 前原因所致之傷殘，為因病或意外傷殘。 四、軍人撫卹條例第六條有關傷亡之種類規定如下： 傷亡之種類如左： (1)作戰死亡。 (2)因公死亡。 (3)因病或意外死亡。 (4)作戰傷殘。 (5)因公傷殘。 (6)因病或意外傷殘。 五、公務人員撫卹法第三條規定： 公務人員有左列情形之一者，給予遺族撫卹金： (1)病故或意外死亡者。 (2)因公死亡者。
第三十三條 　服役役男死亡時，除依下列規定	一、明定死亡撫卹及撫卹金增發之規定。

條　　文	說　　明
給予一次撫卹金外，每年給予五個基數之年撫卹金： 一、因公冒險犯難殉職：給予三十七‧五個基數。 二、因公死亡：給予二十一‧八七五個基數。 三、因病或意外死亡：給予十五個基數。 前項役男死亡，著有特殊勳績者，得增加一次撫卹金額三十個基數。身後經明令褒揚者，得增加一次撫卹金額四十個基數。 年撫卹金給予年限規定如下： 一、因公冒險犯難殉職：給予二十年。 二、因公死亡：給予十五年。 三、因病或意外死亡：給予三年。 前項第一款及第二款之遺族，為父母或配偶，第三款之遺族為獨子之父母，或無子女之配偶；其年撫卹金得給予終身。 第三項所定給予年限屆滿而子女尚未成年者，得繼續給卹至成年；或子女雖已成年，學校教育未中斷者，得繼續給卹至大學畢業。	二、第一項第一款所稱因公冒險犯難殉職，係指遭遇危難事故，奮不顧身執行勤務，遭受暴徒攻擊，以致殉職者。 三、第二項前段所稱著有特殊勳績，係指服役役男於服役期間著有功績獲得勳章之勳賞者，增發一次撫卹金給予三十個基數（以現行義務役士兵之標準計算，約增發七十一萬四千三百元）。 四、第二項後段所稱身後經明令褒揚者，係指前段服役役男之英勇事蹟，經總統明令褒揚者，或經兵役替代役委員會審定從優議卹者，增發一次撫卹金給予四十個基數（以現行義務役士兵之標準計算，約增發九十五萬二千四百元）。同時具有第二項前段及後段情形，擇增發基數標準較高者發給之。 五、依本條規定計算，兵役替代役役男因公冒險犯難殉職者，給予一次撫卹金八十九萬二千八百七十五元；因公死亡者，給予一次撫卹金五十二萬八百四十四元；因病或意外死亡者，給予一次撫卹金三十五萬七千一百五十元。 六、現行義務役士兵作戰死亡給予

條　　　文	說　　　明
	一次撫卹金八十九萬二千八百七十五元；因公死亡者給予一次撫卹金五十二萬八百四十四元；因病或意外死亡者給予一次撫卹金三十五萬七千一百五十元。 七、軍人撫卹條例第十三條有關死亡撫卹規定如下： 軍人死亡時，依左列規定給予一次卹金： ⑴因作戰死亡：服役未滿三十年者以三十年計，給予三十七・五個基數。服役三十年以上者給予四十一・二五個基數。 ⑵因公死亡：服役未滿十五年者以十五年計，給予二十一・八七五個基數。服役十五年以上者，每增服一年增給〇・六二五個基數，最高給予三十四・三七五個基數。 ⑶因病或意外死亡：服役未滿十年者以十年計，給予十五個基數。服役十年以上者，每增服一年增與〇・五個基數，最高給予二十七・五個基數。 前項死亡軍人之一次卹金，低於依其服役年資計算之應得退

條　　　文	說　　　明
	伍金時，得依遺族志願，按其應得退伍之標準，發給一次卹金，而不發年撫卹金。
	八、軍人撫卹條例第七條第二項有關視同作戰死亡或傷殘規定略以：因冒險犯難執行任務，遭受暴徒攻擊而死亡或傷殘者，視同作戰死亡或作戰傷殘。
	九、公務人員撫卹法第五條有關因公死亡撫卹金給予標準規定如下：
	因公死亡人員，指左列情事之一：
	⑴因冒險犯難或戰地殉職。
	⑵因執行職務發生危險以致死亡。
	⑶因公差遇險或罹病以致死亡。
	⑷在辦公場所發生意外以致死亡。
	前項人員除按前條規定給卹外，並加一次撫卹金百分之二十五；其係冒險犯難或戰地殉職者，加百分之五十。
	第一項各款人員任職未滿十五年者，以十五年論；第一款人員任職十五年以上未滿三十五年者，以三十五年論。
	十、公務人員撫卹法第四條有關病故或意外死亡者，撫卹金之給

條　　　文	說　　　明
	予標準規定如下：
	前條第一款人員撫卹金之給予如左：
	(1)任職未滿十五年者，給予一次撫卹金，不另發年撫卹金。任職每滿一年，給予一個半基數，尾數未滿六個月者，給予一個基數，滿六個月以上者，以一年計。
	(2)任職十五年以上者，除每年給予五個基數之年撫卹金外，其任職滿十五年者，另給予十五個基數之一次撫卹金，以後每增一年加給半個基數，尾數未滿六個月者，不計；滿六個月以上者，以一年計，最高給予二十五個基數。
	二、軍人撫卹條例第十八條有關撫卹金之增給規定如下：
	軍人死亡有左列情形之一者，應各增發其一次撫卹金之基數：
	(1)因作戰或因公執行特殊危險任務死亡者。
	(2)凡死事壯烈或著有特殊勳績或身後經明令褒揚者。
	(3)曾因作戰或對國防軍事建設著有功績者。
	三、公務人員撫卹法第七條有關撫

條　　　文	說　　　明
	卹之增加規定如下： 公務人員受有勳章或有特殊功績者得增加一次撫卹金額；增加標準，由考試院會同行政院定之。 前項一次撫卹金增發基數之標準，由行政院定之。 圭、參酌軍人撫卹條例第十四條規定，明定年撫金給予年限。 卤、依本條規定以現行義務役士兵之年撫卹金標準計算，兵役替代役役男因公冒險犯難殉職者，給予二十年之年撫卹金，每年撫卹金十一萬九千零五十元；因公死亡者，給予十五年之年撫卹金；因病或意外死亡者，給予三年之年撫卹金，每年年撫卹金皆同因公冒險犯難殉職者。 圥、現行義務役士兵作戰死亡者，給予二十年之年撫卹金，每年十一萬九千零五十元；因公死亡者，給予十五年之年撫卹金；因病或意外死亡者，給予三年之年撫卹金，每年年撫卹金同作戰死亡者。 圲、現行公務人員冒險犯難或戰地殉職者，給予二十年年撫卹金。 七、軍人撫卹條例第十四條有關年

條　　　文	說　　　明
	撫卹金給予年限規定如下： 軍人死亡後，每年給予五個基數之年撫卹金，給予年限規定如左： (1)作戰死亡給予二十年。 (2)因公死亡給予十五年。 (3)因病或意外死亡，其服役未滿三年者，給予三年，其服役滿三年者，給予四年，以後每增服役二年，增給一年。但最高以十二年為限。 前項第一款、第二款之遺族，為父母或配偶；及第三款之遺族為獨子（女）之父母，或無子（女）之配偶；其年撫金得給予終身。 第一項所定年撫卹金給予年限屆滿，而子女尚未成年者，得繼續給卹至成年，或子女雖已成年，但學校教育未中斷者，得繼續給卹至大學畢業為止。 八、公務人員撫卹法第九條有關年撫卹金給予之年限規定如下： 遺族領年撫卹金，自該公務人員死亡之次月起給予，其年限規定如左： (1)病故或意外死亡者，給予十年。 (2)因公死亡者，給予十五年。 (3)冒險犯難或戰地殉職者，給

條　　文	說　　明
	予二十年。 前項遺族如係獨子（女）之父母或無子（女）之寡妻或鰥夫，得給予終身。 第一項所定給卹年限屆滿而子女尚未成年者，得繼續給卹至成年；或子女雖已成年，但學校教育未中斷者，得繼續給卹至大學畢業為止。
第三十四條 　傷殘等級區分如下： 　一、一等殘。 　二、二等殘。 　三、三等殘。 　四、重度機能障礙。 　五、輕度機能障礙。 前項殘等區分檢定後，如有增劇或再受傷者，經複檢屬實，得予改列殘等。 第一項傷殘等級檢定標準，由主管機關會同國防部訂定。	一、比照軍人撫卹條例第十二條規定，明定傷殘等級，以為撫卹金給予之標準。 二、第三項殘等檢定標準，比照國軍殘等檢定標準定之。 三、軍人撫卹條例第十二條有關傷殘等級規定如下： 　傷殘等級如左： 　⑴一等殘。 　⑵二等殘。 　⑶三等殘。 　⑷重度機能障礙。 　⑸輕度機能障礙。 　前項殘等區分檢定後，如有增劇或再受傷者，經複檢屬實，得予改列殘等。 　第一項殘等檢定標準，比照國防部所定檢定標準。
第三十五條 　服役役男因傷成殘，自核定殘等之日起依下列規定給予年撫卹	一、比照軍人撫卹條例第二十條規定，明定因傷成殘撫卹金給予規定。

條　　文	說　　明
金： 一、因公傷殘： 　(1)一等殘給予終身，每年給予三個基數。 　(2)二等殘給予十年，每年給予二個基數。 　(3)三等殘給予五年，每年給予一個基數。 　(4)重度機能障礙一次給予二個基數；輕度機能障礙一次給予一個基數；均不發傷殘撫卹令。 二、因病或意外傷殘： 　(1)一等殘給予十五年，每年給予三個基數。 　(2)二等殘給予八年，每年給予二個基數。 　(3)三等殘一次給予三個基數，不發傷殘撫卹令。	二、依本條規定計算，服役役男因傷成殘後，自核定殘等之日起，發給下列撫卹金： 　(1)因公傷殘： 　　1.一等殘給予終身，每年給予三個基數（每年七萬一千四百三十元）。 　　2.二等殘給予十年，每年給予二個基數（每年四萬七千六百二十元）。 　　3.三等殘給予五年，每年給予一個基數（每年二萬三千八百一十元）。 　　4.重度機能障礙一次給予二個基數（共給四萬七千六百二十元）；輕度機能障礙一次給予一個基數（共給二萬三千八百一十元）；均不發傷殘撫卹令。 　(2)因病或意外傷殘： 　　1.一等殘給予十五年，每年給予三個基數（每年七萬一千四百三十元）。 　　2.二等殘給予八年，每年給予二個基數（每年四萬七千六百二十元）。 　　3.三等殘一次給予三個基數，不發傷殘撫卹令（共給七萬一千四百三十

條　　　文	說　　　明
	元）。 三、軍人撫卹條例第二十條第一項 　　第一款及第三款有關因公、病 　　傷殘撫卹規定如下： 　　因傷成殘後，自核定殘等之日 　　起，依左列規定給予撫卹金 　　（以現行義務役士兵為例）： 　　⑴因公傷殘： 　　　1.一等殘給予終身，每年給 　　　　予三個基數（每年七萬一 　　　　千四百三十元）。 　　　2.二等殘給予十年，每年給 　　　　予二個基數（每年四萬七 　　　　千六百二十元）。 　　　3.三等殘給予五年，每年給 　　　　予一個基數（每年二萬三 　　　　千八百一十元）。 　　　4.重度機能障礙一次給予二 　　　　個基數（共給四萬七千六 　　　　百二十元）；輕度機能障 　　　　礙一次給予一個基數（共 　　　　給二萬三千八百一十 　　　　元）；均不發傷殘撫卹 　　　　令。 　　⑵因病傷殘： 　　　1.一等殘給予十五年，每年 　　　　給予三個基數（每年七萬 　　　　一千四百三十元）。 　　　2.二等殘給予八年，每年給 　　　　予二個基數（每年四萬七

條　　　　文	說　　　明
	千六百二十元）。 3.三等殘一次給予三個基數，不發傷殘撫卹令（共給七萬一千四百三十元）。
第三十六條 　本法所定撫卹金基數之計算，按國軍志願役下士四級之本俸加一倍為準。 　年撫卹金基數應隨同國軍志願役下士四級之本俸調整支給之。	一、明定基數之內涵與調整機制。 二、依本條規定以軍人撫卹條例第二十七條所定國軍志願役下士四級之本俸加一倍為撫卹金基數內涵計算，兵役替代役役男每一個基數為二萬三千八百一十元。 三、現行義務役士兵每一個基數為二萬三千八百一十元（本俸即以下士四級之標準計算）。 四、所謂本俸：依公務人員俸給法第二條第一項規定，係指各官等、職等人員依法應領取之基本俸給。另依同法第三條規定，公務人員之俸給分本俸、年功俸及加給，均以月計之。 五、軍人撫卹條例第二十七條規定：「義務役官、士、兵撫卹金給付之基數，按志願役同階級人員之標準計算。但本俸未達志願役下士四級標準者，按下士四級之標準計算。前項人員無須自繳基金費用，其於服現役期間傷亡者，所需撫卹經費，由國防部編列預算支付

條　　　文	說　　　明
	之。志願役士官撫卹金給付之基數，本俸未達下士四級者，按下士四級之標準計算。」 六、軍人撫卹條例第十六條基數之計算基準及調整機制如下： 　　本條所定基數之計算，以現役軍人最後在職時之本俸加一倍為準。年撫卹金基數應隨同在職同階級軍人本俸調整支給之。 七、公務人員撫卹法第四條第二項規定如下： 　　基數之計算以公務人員最後在職時之本俸加一倍為準。年撫卹金基數應隨同在職同等級公務人員本俸調整支給之。
第三十七條 　撫卹受益人，具有下列情形之一者，喪失其領受撫卹金之權利： 一、喪失國籍者。 二、動員戡亂時期終止後，曾犯內亂、外患罪，經判刑確定者。 三、褫奪公權終身者。 四、死亡者。 五、死亡者配偶或寡媳再婚者。 六、因失蹤受卹，經證明並未死亡者。	一、明定撫卹金領受權喪失之原因。 二、軍人撫卹條例第二十一條有關領受撫卹之喪失規定如下： 　　撫卹受益人，具有左列情形之一者，喪失其領受撫卹金之權利： 　⑴喪失國籍者。 　⑵犯內亂外患罪，經判決確定者。 　⑶褫奪公權終身者。 　⑷死亡者。 　⑸死亡者配偶或寡媳再婚者。 　⑹因失蹤受卹，經證明並未死

條　　　文	說　　　明
	亡者。 三、公務人員撫卹法第十條有關領 　　受撫卹之喪失規定如下： 　　遺族有左列情形之一者，喪失 　　其撫卹金領受權： 　　(1)褫奪公權終身者。 　　(2)動員勘亂時期終止後，曾犯 　　　　內亂、外患罪，經判刑確定 　　　　者，或通緝有案尚未結案 　　　　者。 　　(3)喪失中華民國國籍者。
第三十八條 　撫卹受益人經褫奪公權尚未復權 　或通緝有案尚未結案者，停止其 　領受撫卹金之權利，至其原因消 　滅時恢復。	一、參酌軍人撫卹條例第二十二條 　　及公務人員撫卹法第十一條， 　　明定撫卹金領受權停止之原 　　因。 二、軍人撫卹條例第二十二條有關 　　撫卹金領受權停止之規定如 　　下： 　　撫卹受益人經褫奪公權尚未復 　　權者，停止其領受撫卹金之權 　　利，至其原因消滅時恢復。 三、公務人員撫卹法第十一條有關 　　撫卹金領受權停止之規定如 　　下： 　　公務人員遺族經褫奪公權尚未 　　復權者，停止其領受撫卹金之 　　權利，至其原因消滅時恢復。
第三十九條 　請卹及請領各期撫卹金權利之時 　效，自請卹或請領事由發生之次	一、比照軍人撫卹條例第二十三條 　　及公務人員撫卹法第十二條， 　　明定撫卹金請求權之消滅時

條　文	說　明
月起，經過五年不行使而消滅。但因不可抗力之事由，致不能行使者，其時效中斷；時效中斷者，自中斷之事由終止時，重行起算。	效。 二、軍人撫卹條例第二十三條有關撫卹金請求權之消滅時效規定如下： 請卹及請領各期撫卹金權利之時效，自請卹或請領事由發生之次月起，經過五年不行使而消滅。但因不可抗力之事由，致不能行使者，其時效中斷；時效中斷者，自中斷之事由終止時，重行起算。 三、公務人員撫卹法第十二條有關撫卹金請求權之消滅時效規定如下： 請卹及請領各期撫卹金權利之時效，自請卹或請領事由發生之次月起，經過五年不行使而消滅。但因不可抗力之事由，致不能行使者，其時效中斷；時效中斷者，自中斷之事由終止時，重行起算。
第四十條 　服役役男傷亡之傷劇死亡、死亡擬制、撫卹給予、撫卹註銷、撫卹程序、撫卹金增發、領受撫卹金遺族順序及殮葬補助等，由主管機關擬訂實施辦法，報請行政院核定。	一、明定由主管機關擬訂兵役替代役役男撫卹實施辦法，陳報行政院核定。 二、傷劇死亡之給卹標準如下： 　(1)因公受傷，三年以內傷發死亡者，照因公死亡之標準給卹；逾三年傷發死亡者，照因病死亡之標準給卹。 　(2)因公受傷役男退役後，因傷

條　　　文	說　　　明
	劇死亡，比照前項規定辦理撫卹。
	⑶前項人員自退役之日起，逾五年者，不再議卹。但曾核定殘等有案，且持續醫療者，不在此限。
	三、擬制死亡之規定如下：
	因公失蹤，在地面滿一年、在海上及空中滿六個月查無下落者，依服戰時勤務或因公死亡辦理撫卹。
	前項以外之失蹤人員，經法院為死亡之宣告者，依意外死亡辦理撫卹。但失蹤人員經查明有犯罪行為者，不予撫卹。
	四、依死亡擬制規定辦理撫卹，經查明並未死亡者，應註銷其死亡撫卹令，已發之撫卹金得免追繳。但意圖逃亡或歸後不報，除追繳外，並依法究辦。
	五、領受撫卹金之遺族，依下列順序定之：
	⑴父母、配偶、子女及寡媳。但配偶及寡媳以未再婚者為限。
	⑵祖父母及孫子女。
	⑶兄弟姊妹以未成年或已成年而不能謀生者為限。
	⑷配偶之父母、配偶之祖父母，以無扶養義務人為限。

條　　文	說　　明
	前項遺族，同一順序有數人無法協議時，其撫卹金應平均領受；因拋棄或法定事由喪失撫卹權利時，由其餘遺族領受之。 第一項遺族，服役役男生前預立遺族指定領受撫卹金者，從其遺族。
第七章　保險	章名
第四十一條 　服役役男均應參加全民健康保險、替代役役男保險及團體意外險。	一、明定服役役男保險之種類。 二、服役役男參加全民健康保險第一類保險人身分投保。 三、軍人保險條例第三條規定如下： 　軍人保險分為死亡、殘廢兩種，並附退伍給付。 四、全民健康保險法第二條規定如下： 　本保險於保險對象在保險有效期間，發生疾病、傷害、生育事故時，依本法規定給予保險給付。
第四十二條 　服役役男之保險，業務畫分如下： 一、全民健康保險：由中央健康保險局依全民健康保險法規定辦理。 二、替代役役男保險：由主管機關委託中央信託局辦理。	一、明定服役役男各項保險之主管機關及業務辦理機關。 二、軍人保險條例第四條規定如下： 　軍人保險，由國防部主管；其業務委託中央信託局辦理。 三、公務人員保險法第五條規定如下：

條　　文	說　　明
三、團體意外險，由主管機關每年對外公開招標辦理，其保險內容及規定，由主管機關訂定。	公務人員保險業務由中央信託局（以下稱承保機關）辦理，並負承保盈虧責任；如有虧損，由財政部審核撥補。承保機關辦理公務人員保險所需保險事務費，不得超過保險費總額百分之五點五。 四、團體意外險擬比照國軍官兵團體意外平安保險作業實施規定，以每年對外公開招標方式辦理團體意外險，保額為新臺幣三百萬元整。
第四十三條 　替代役役男保險之保險費，按月繳納，以被保險人保險基數金額及保險費率計算之；保險費率為百分之一至百分之三。 　主管機關委託中央信託局辦理本保險所需事務費，由主管機關編列預算撥付，其金額不得超過年度保險費總額之百分之二。 　前二項保險費率、保險基數金額及事務費比例，由主管機關擬訂，報請行政院核定。 　本法未規定之保險事項，依常備兵役保險之規定辦理。	一、明定保險費、保險費率及事務費之計算標準、繳納方式。 二、軍人保險條例第十條規定如下： 　保險費率，以被保險人保險基數金額為計算標準，按月百分之三至百分之八繳納；軍官應繳納保險費，由國庫補助百分之五十至百分之七十，士官、士兵應繳保險費，由國庫全數負擔；其由國庫補助或負擔之保險費，按實際需要，列入年度預算。 三、現行義務役常備兵每一保險基數金額比照下士一、二級基數一萬一千一百元，替代役役男比照辦理，並隨同調整之。 四、軍人保險條例施行細則第十四

條　　　文	說　　　明
	條規定如下： 軍人保險所需保險費，依本條例第十條規定，由國防部依實際需要列入年度預算，並由聯勤總部根據核定預算撥交中信局。軍郵人員國庫補助及負擔保險費，由其所隸單位編列預算，按月隨同自付部分保險費解繳中信局。 五、公務人員保險法第八條規定如下： 公務人員保險之保險費率為被保險人每月保險俸給百分之四點五至百分之九。 前項費率應依保險實際收支情形，由行政院會同考試院覈實釐定。
第四十四條 　服役役男之各項保險費，由主管機關編列預算支付。	一、比照軍人保險條例第十條規定，明定各項保險費用，由國庫全數負擔。 二、服役役男應繳之保險費，包括全民健康保險費、替代役役男保險費及團體意外險費用等，均由主管機關編列預算支付。
第四十五條 　替代役役男保險給付項目包括死亡、殘廢給付，均以被保險人事故發生月份之保險基數金額為標準計算。 　前項保險給付如有短絀，應由國	一、明定保險給付之計算標準。 二、軍人保險條例第十二條規定如下： 保險給付，按被保險人事故發生月份之保險基數為標準計算之。

條　　　文	說　　　明
庫撥補。	
第四十六條 　死亡給付規定如下： 　一、因公死亡：給付四十二個基 　　　數。 　二、因病或意外死亡：給付三十 　　　六個基數。	一、明定死亡給付之給付規定。 二、比照軍人保險條例第十三條規 　　定訂定之。 三、軍人保險條例第十三條規定如 　　下： 　　死亡給付規定如左： 　　⑴作戰死亡：給付四十八個基 　　　數。 　　⑵因公死亡：給付四十二個基 　　　數。 　　⑶因病或意外死亡：給付三十 　　　六個基數。 　　前項死亡給付，如低於其應得 　　之退伍給付時，得按退伍給付 　　發給。
第四十七條 　殘廢給付規定如下： 　一、因公成殘： 　　⑴一等殘：給付三十六個基 　　　數。 　　⑵二等殘：給付二十四個基 　　　數。 　　⑶三等殘：給付十六個基 　　　數。 　　⑷重機障：給付八個基數。 　二、因病或意外成殘： 　　⑴一等殘：給付三十個基 　　　數。 　　⑵二等殘：給付二十個基	一、明定殘廢給付之給付規定。 二、參照軍人保險條例第十五條規 　　定訂定之。 三、軍人保險條例第十五條規定如 　　下： 　　殘廢給付規定如左： 　　⑴作戰成殘： 　　　1.一等殘：給付四十個基 　　　　數。 　　　2.二等殘：給付三十個基 　　　　數。 　　　3.三等殘：給付二十個基 　　　　數。 　　　4.重機障：給付十個基數。

條　　　文	說　　　明
數。 (3)三等殘：給付十二個基數。 (4)重機障：給付六個基數。 前項所列殘廢等級，由主管機關會同國防部訂定。	(2)因公成殘： 　1.一等殘：給付三十六個基數。 　2.二等殘：給付二十四個基數。 　3.三等殘：給付十六個基數。
	4.重機障：給付八個基數。 (3)因病或意外成殘： 　1.一等殘：給付三十個基數。 　2.二等殘：給付二十個基數。 　3.三等殘：給付十二個基數。 　4.重機障：給付六個基數。 前項所列殘廢等級，由國防部定之。 四、有關殘廢等級及成殘日期依照兵役替代役役男撫卹辦法及兵役替代役役男傷殘檢定標準規定辦理。
第四十八條 　被保險人有下列情形之一者，不予給付： 一、犯罪被執行死刑者。 二、動員勘亂時期終止後，曾犯內亂、外患罪，經判刑確定者。	一、明定不予給付之規定。 二、比照軍人保險條例第十八條及公務人員保險法第十九條規定訂定之。 三、軍人保險條例第十八條規定如下： 　被保險人有左列情形之一者，不予給付：

條　　文	說　　明
	⑴參加保險未滿三十年無故停繳保險費者。 ⑵非因作戰或因公而自殺致死或成殘廢者。 ⑶犯罪被執行死刑者。 ⑷犯叛亂罪，經判決確定者。 前項各款人員，除經判決確定沒收財產，或在保期間曾領殘廢給付者外，被保險人本人或受益人，得申請無息退還其自付部分保險費。 四、公務人員保險法第十九條規定如下： 被保險人有左列情形之一者，不予給付： ⑴犯罪被執行死刑者。 ⑵因戰爭、災害致成死亡或殘廢者。
第四十九條 　保險受益人，有下列情形之一者，喪失其領受保險給付權利： 一、喪失國籍者。 二、動員戡亂時期終止後，曾犯內亂、外患罪，經判刑確定者。 三、故意致被保險人於死者。 四、自決定保險給付之日起，無故逾五年不行使者。	一、明定保險受益人喪失領受保險給付權利之規定。 二、比照軍人保險條例第十九條規定訂之。 三、軍人保險條例第十九條規定如下： 保險受益人，有左列情形之一者，喪失其領受保險給付權利： ⑴喪失國籍者。 ⑵犯判亂罪，經判刑確定者。 ⑶故意致被保險人於死者。

條　　　文	說　　　明
	(4)自決定保險給付之日起，無故逾五年不行使者。
第五十條 　請領保險給付之權利，法院不得扣押或供債務之執行，亦不得質押、轉讓或擔保。	一、明定保險給付權禁止為扣押、供債務執行、質押、轉讓或擔保之規定。 二、比照軍人保險條例第二十一條規定訂定之。 三、軍人保險條例第二十一條規定如下： 　　請領保險給付金之權利，法院不得扣押或供債務之執行，亦不得質押、轉讓或擔保。
第五十一條 　依本法所定保險業務，除團體意外險外，保險給付、保險契約、帳冊、文據簿籍及業務收支，均免納一切稅捐。	一、明定本法保險業務除團體意外險外，免納一切稅捐之規定項目。 二、比照軍人保險條例第二十二條及公務人員保險法第二十三條規定訂定之。 三、軍人保險條例第二十二條規定如下： 　　依本條例所定保險業務、保險給付金、保險契約及文據簿籍，均免納一切稅捐。 四、公務人員保險法第二十三條規定如下： 　　公務人員保險之一切帳冊、單據及業務收支，均免課稅捐。
第五十二條 　服役役男保險實施辦法，由主管機關擬訂，報請行政院核定。	明訂由內政部擬訂兵役替代役役男保險實施辦法，陳報行政院核定。

條　　　文	說　　　明
第八章　罰則	章名
第五十三條 　服役役男無故不就指定勤務地點或擅離替代役之職務逾七日者，處三年以下有期徒刑。	一、明定服役役男不就配置地或擅離職役之刑罰。 二、其刑度係參考陸海空軍刑法第十三章逃亡罪規定。
第五十四條 　服役役男違抗直屬長官之勤務命令者，處三年以下有期徒刑。違抗直屬管理幹部之勤務命令者，亦同。	一、明定服役役男違抗直屬長官勤務命令之刑罰。 二、刑度參考陸海空軍刑法第四章抗命罪規定。 三、直屬長官係指服勤單位主官（管）或經主官（管）授權負責管理之人員。 四、直屬管理幹部係指第十八條遴用之優秀替代役役男。
第五十五條 　假藉宗教信仰申請服替代役者，處五年以下有期徒刑。	一、明定以宗教信仰故意以不實資料申請，導致核定服替代役者之刑罰。 二、其刑度參考妨害兵役治罪條例第三條第一款「避免徵處罪」規定。
第五十六條 　服役役男違反生活及勤務管理規定者之懲罰如下： 　一、降級：依其現職之俸給降一級，自降級之日起六個月內不得升級、升職。無級可降者，減其月薪二分之一，期間為六個月。 　二、罰薪：依其現職之月薪減百分之三十支給，期間為三個	一、明定違反行政上作為或不作為義務之處罰。 二、明定懲罰方式及權責機關。 三、第一項第一款及第二款由各服勤單位檢附佐證資料陳報需用機關核定，並於一週內送主管機關備查。 四、第一項第三款至第五款由服勤單位主管依法核處，其記過及申誡者之書面人事令，應副知

條　　文	說　　明
月，自罰薪之日起，三個月內不得升級、升職。 三、記過：自記過之日起三個月內不得升級、升職。三個月內記過三次者，依其現職之俸給降一級，無級可降者，減其月薪二分之一，期間為六個月。累計記過三次，得依本法第二十二條施予輔導感化教育。 四、申誡：自申誡之日起一個月內不得升級、升職。累計三次申誡，按記過處罰之。 五、罰勤：平日不得逾二小時，例、休假日不得逾八小時。 因過失而犯前項規定者，得減輕之。 第一項第一款及第二款由服勤單位提出，報請需用機關核定，並應於一週內送請主管機關備查；第三款至第五款由服勤單位核處。 替代役役男懲罰辦法，由內政部訂定，報請行政院核定之。	需用機關。 五、明定服役役男懲罰辦法，俾各需用機關據以辦理懲罰事宜。 六、服役役男不服懲罰處分者，可以口頭或書面方式，逐級提出申訴，以維役男合法權益。 七、服役役男申訴可向服勤單位提出，若服勤單位不受理或審理不公，可逕向需用機關提出，其作業程序於懲罰辦法中規定。
第九章　附則	章名
第五十七條 服役役男權益受到不當損害或對懲罰認為不公或配賦服役類別違法，均得依法由當事人或家屬檢具事證，以書面向服勤單位提出	明定行政救濟依相關規定辦理。

條　　　文	說　　　明
陳情或依行政救濟相關規定提起救濟。	
第五十八條 服役役男及相關人員著有功勳者,得授予勳章、獎章或榮譽稱號。	明定服役役男及相關人員對國家及社會有重大貢獻者,獎勵之法源。
第五十九條 依第四條服警察役役男執行職務使用警械時,準用警械使用條例,其使用辦法由主管機關定之。	一、警察役需用機關包括內政部警政署(機動保安警力、守望相助社區巡守員等)、法務部(矯正機關勤務)及教育部(駐校警衛)。 二、目前依各機關學校團體駐衛警察設置管理辦法核准設置之駐衛警察,執行職務時,依警械使用條例第十二條:「本條例於憲兵執行司法警察、軍法警察職務或經內政部核准設置之駐衛警察執行職務時適用之。駐衛警察使用警械管理辦法,由內政部定之。」規定,得使用必要之警械。 三、警械使用條例第一條:「警察人員執行職務時,所用之警械,為棍、刀、槍及其他經核定之器械。」
第六十條 服役役男服役期滿後,應按其服役類別、專長、年齡、體位納入戰時勤務編組,非常事變或戰時得視需要召集服勤。	一、明定服役役男服役期滿後,於非常事變及戰時得依需要服行勤務。 二、明定服行戰時勤務之範圍、人數、編組實施方式。

條　　　文	說　　　明
前項召集服勤之範圍、人數、編組，由主管機關訂定年度計畫實施。	三、有關召集規定依現行兵役法令，由國防部主管，內政部協助辦理。
第六十一條 施行替代役所需之經費，由主管機關及各有關機關（構）依本法所定，按其應辦事預依預算法令編列預算。	一、明定相關機關（構）按其應辦替代役事項，編列預算支應。 二、有關經費編列權責： 　(1)替代役役男參加軍事基礎訓練期間，所需經費由國防部編列。 　(2)替代役役男所需之人員維持費、作業維持費，由主管機關內政部編列。 　(3)分發各需用機關後，有關管理、住宿、專（精）業訓練等經費，由各需用機關（構）協調服勤單位負責編列。
第六十二條 本法起徵對象為民國七十一年次以後出生之役男。 民國七十年次以前出生之役男有履行兵役義務者，得依第五條規定申請服替代役。	一、民國七十一年一月一日至十二月三十一日出生之中華民國男子（簡稱七十一年次役男），經體格檢查判定適合服役者，先調查其服替代役之意願，若人數超過需求時，則以抽籤方式決定之。 二、七十年次以前已抽籤待入營之高年次役男，由國防、內政兩部協商，以辦理專案再抽籤之方式，決定應徵服替代役者。 三、國內高年次尚未辦理徵兵處理之役男、僑民役男、大陸來臺役男及海外返國高年次役男

條　　文	說　　明
	等，均應依兵役法令及本法服役。
第六十三條 　本法施行細則及施行日期，由行政院定之。	明定施行細則及施行日期，由行政院定之。

附錄七　四響：
耶和華證人會世界總會
會長漢舍致作者感謝函

WATCH TOWER
BIBLE AND TRACT SOCIETY OF PENNSYLVANIA
EXECUTIVE OFFICES
25 COLUMBIA HEIGHTS, BROOKLYN, NEW YORK 11201-2483 U.S.A
PHONE (718) 625-3600

August 17, 1999

Professor Shin-Min Chen
Sun Yat-Sen Institute, Sec. of Law
Academia Sinica
Nankang, Taipei
Republic of China on Taiwan

Dear Professor Chen:

Over the past years we have watched with interest as the Republic of China has made tremendous progress and advancements for its people in recent years. While Jehovah's Witnesses have always enjoyed the constitutional protection affording freedom of worship for all religions in the Republic of China, we are particularly pleased in the manner that your government has developed further support and reinforcement for these important principles by instituting a program for non-military civilian service.

As you are well aware, Jehovah's Witnesses, in all 233 lands and nations in which we worship and live, have a reputation based on our firm belief and conviction that the prophet Isaiah's command that peace-loving people would "have to beat their swords into plowshares and their spears into pruning hooks, neither will they learn war any more," applies to mankind today. At the same time, we are mindful of the apostle Paul's strong admonition: "continue reminding them to be in subjection and be obedient to governments and authorities as rulers, to be ready for every good work, to speak injuriously to no one, not to be belligerent, to be reasonable, exhibiting all mildness toward all men." Mindful of their admonition, we are particularly pleased that the present legislation now pending before the legislative Yuan does not require young men who are conscientiously opposed to military service to involve themselves in military training, to be associated with the military by uniform or insignia, or to serve at the behest of military personnel. By instituting a truly civilian-managed alternative service system, young men will be able to make a contribution to the Republic of China in a meaningful way and satisfy their individual desires to show themselves as reasonable and good citizens who are "ready for every good work."

We realize that your work on the Advisory Committee has been a critical success factor in this program. We want to acknowledge your contribution toward the Republic of China's advancement as a true democratic government ready to protect the interests of the minority in your midst.

PROFESSOR SHIN-MIN CHEN
August 17, 1999
Page 2

Again we thank you for your efforts in behalf of your countrymen as well as our fellow worshippers.

Very truly yours,

M G Henschel

M. G. Henschel
President

MGH:jl

〔譯文〕

親愛的陳教授： 紐約・一九九九年八月十七日

　　過去幾年，我們已經極有興趣的注意到中華民國政府為其人民的服務有了極大的進展與成就。雖然耶和華證人會如同其他宗教一樣，在中華民國享受到宗教自由的保障，我們特別高興的知道你們的政府正在致力於建立一個可以更確保上述宗教自由的制度——非兵役性質的社會役。

　　如您所知，耶和華證人會在全球二百三十三個地區及國家都有信徒，我們素有堅定信仰及確信以撒亞先知的訓示，要求作為一個愛好和平的人，必須將劍打造成犁頭、將長矛打造成鐮刀，絕不學習任何戰鬥之技能，我們遵奉至今。同時我們也遵從保羅先知的教誨：時時提醒他們要服從政府及當局的領導，準備作任何的善事，對每個人說話要誠實，不與任何人爭鬥，要有理智及對任何人都必須和藹可親。尊重信徒的教誨信仰，我們特別愉快的知道，目前台灣的法令已暫停徵召那些基於良知理由不願入伍服兵役來進行軍事訓練，或穿軍服、戴軍階的在任何軍事單位服役之青年，等到立法院重新立法肯定他們有此權利為止。在建立一個非軍事性質、純粹文人管理的替代役後，青年們可以在許多有意義的方面來替中華民國服務，並能滿足各人的願望來顯示他們也是一個理智及良好的公民，並「準備作任何的善事」。

　　我們相信，您在社會役推動委員會的角色當是本計畫成功的一個必要因素。中華民國作為一個保障其國內少數族群信仰

利益的民主國家，這種進展，您所作的貢獻，已獲得我們的確認。

最後，我們願意在此對您對您的同胞以及我們信徒所作的努力，重申我們的謝意。

您誠摯的

M.G.漢舍

參考書目

1. Franz Merli, Zivildienst und Rechtstaat, Leykam Verlag, Graz, 1985.
2. Peter Kranebitter, Die Verweigerer, Militaer, Zivildienst, Ersatzwehrdienst, Verlag fuer Gesellschaftskritik, Wien, 1989.
3. EAK, European Churches and Conscientious Objection to Military Service, Bremen, 1991.
4. EAK, Sozialer Friedensdienst im Zivildienst, Bremen, 1989.
5. Der Zivildienst, Jahrgang 1990-1992.
6. 黃武彰,〈從軍法實務論良心兵役拒絕問題〉,國防管理學院法律學研究所碩士論文,民國八十八年五月。

社會役制度　　　　　　　　　　　POLIS 叢書 7

作　　　者／陳新民
出 版 者／揚智文化事業股份有限公司
發 行 人／葉忠賢
總 編 輯／孟　樊
執行編輯／晏華璞
登 記 證／局版北市業字第 1117 號
地　　　址／台北市新生南路三段 88 號 5 樓之 6
電　　　話／(02)2366-0309　2366-0313
傳　　　真／(02)2366-0310
郵撥帳號／14534976　揚智文化事業股份有限公司
印　　　刷／偉勵彩色印刷股份有限公司
法律顧問／北辰著作權事務所　蕭雄淋律師
初版一刷／2000 年 2 月
定　　　價／新台幣 350 元

南區總經銷／昱泓圖書有限公司
地　　　址／嘉義市通化四街 45 號
電　　　話／(05)231-1949　231-1572
傳　　　真／(05)231-1002

ISBN　957-818-083-7
網址：http://www.ycrc.com.tw
E-mail：tn605547@ms6.tisnet.net.tw
＊本書如有缺頁、破損、裝訂錯誤，請寄回更換＊

國家圖書館出版品預行編目資料

社會役制度＝The civilian substitute service：
a service of hope for Taiwan／陳新民著. - -
初版. - -臺北市：揚智文化，2000〔民89〕
　　面：　　公分. - -（Polis叢書；7）
參考書目：面
ISBN　957-818-083-7（平裝）

　1.社會役

591.609　　　　　　　　　　　　88016810

揚智文化事業股份有限公司

中國人生叢書

心理學叢書

當代大師系列

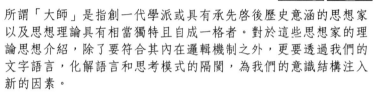

編輯委員：李英明、孟　樊、陳學明、
　　　　　龍協濤、楊大春

所謂「大師」是指創一代學派或具有承先啓後歷史意涵的思想家
以及思想理論具有相當獨特且自成一格者。對於這些思想家的理
論思想介紹，除了要符合其內在邏輯機制之外，更要透過我們的
文字語言，化解語言和思考模式的隔閡，為我們的意識結構注入
新的因素。

從八〇年代以來，台灣各界相當努力地引介「近代」和「現代」
的思想家，對於知識分子和一般民眾起了相當程度的啓蒙作用。
「本套當代大師系列」的企劃及落實出版，承繼了先前知識界的
努力基礎，希望能藉這一系列的入門性介紹書，再掀起知識啓蒙
的熱潮。

信用卡專用訂購單

（本表格可放大重複影印使用）

- 請將本單影印出來，以黑色筆正楷填妥訂購單後，並親筆簽名，利用傳真02-23660310或利用郵寄方式，我們會儘速將書寄達，若有任何問題，歡迎來電02-2366-0309洽詢。
- 歡迎上網http://www.ycrc.com.tw免費加入會員，可享購書優惠折扣。
- 台、澎、金、馬地區訂購9本（含）以下，請另加掛號郵資NT60元。

訂購內容

書　號	書　　名	數　量	定　價	小　計	金額 NT(元)

訂購人：　　　　　　　　　　　　　　　（A）書款總金額NT（元）：

寄書地址：　　　　　　　　　　　　　　（B）郵資NT（元）：

　　　　　　　　　　　　　　　　　　　（A+B）應付總金額NT（元）：

TEL：

FAX：

E-mail：

發票抬頭：　　　　　　　　　　　　□二聯式 □三聯式

統一編號：

信用卡別：□VISA □MASTER CARD □JCB CARD □聯合信用卡

卡號：

有效期限（西元年/月）：

持卡人簽名（同信用卡上）：

今天日期（西元年/月/日）：

商店代號：01-016-3800-5　　　　授權碼：（訂書人勿填）

版權所有　揚智文化事業股份有限公司

地址：106台北市新生南路三段88號5樓之6

TEL：886-2-23660309　FAX：886-2-23660310

E-mail：tn605547@ms6.tisnet.net.tw